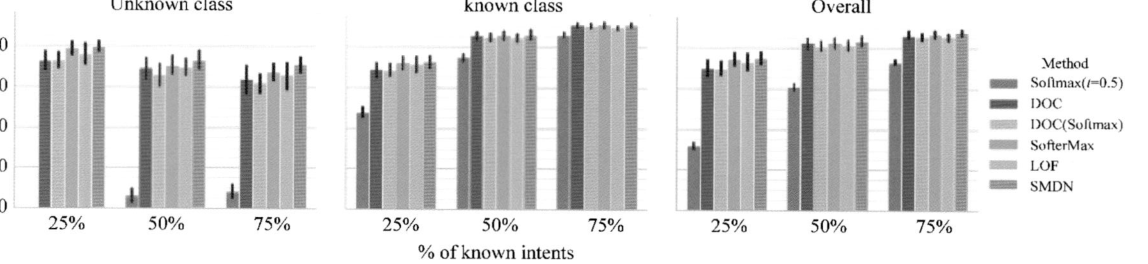

图 5.4　在 SNIPS 数据集上进行未知意图检测的 Macro-F1 分数

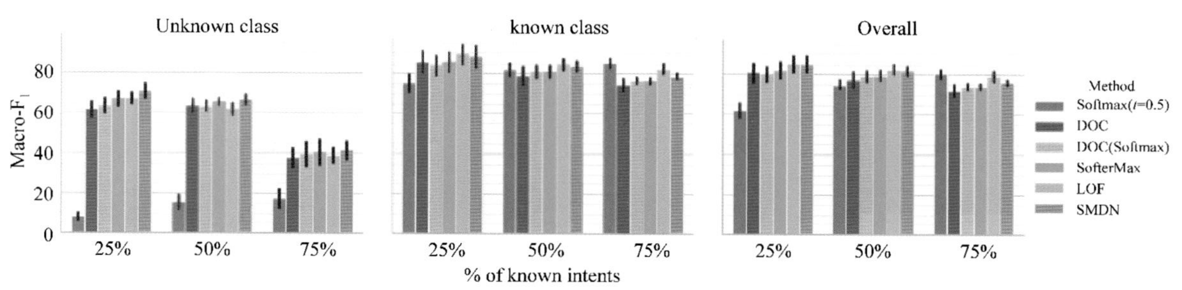

图 5.5　在 ATIS 数据集上进行未知意图检测的 Macro-F1 分数

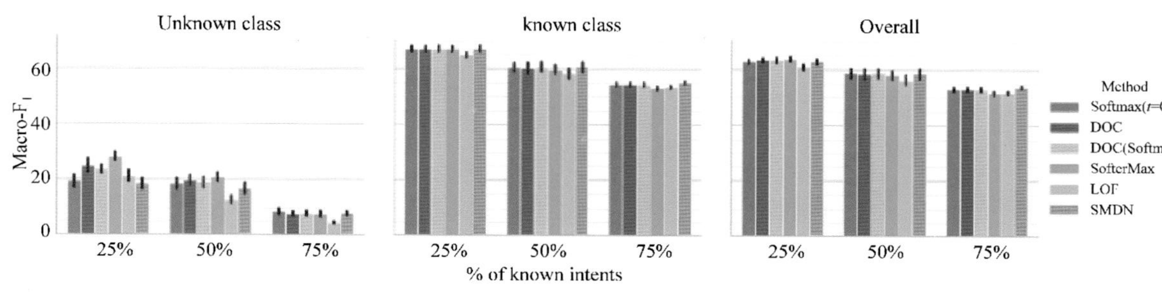

图 5.6　在 SwDA 数据集上进行未知意图检测的 Macro-F1 分数

U0252583

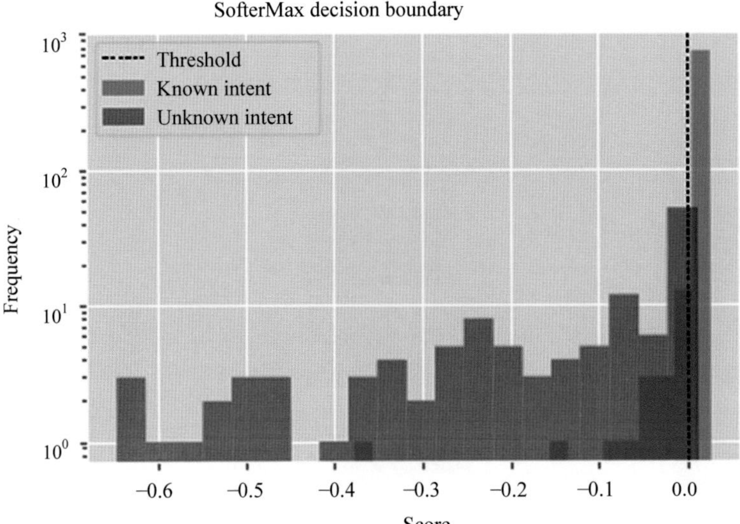

图 5.9　SofterMax 的置信度分数分布

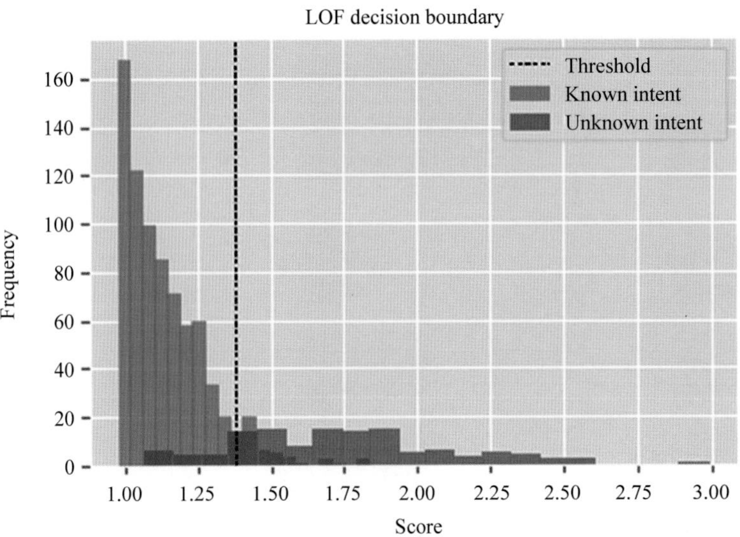

图 5.10　LOF 的新颖分数分布

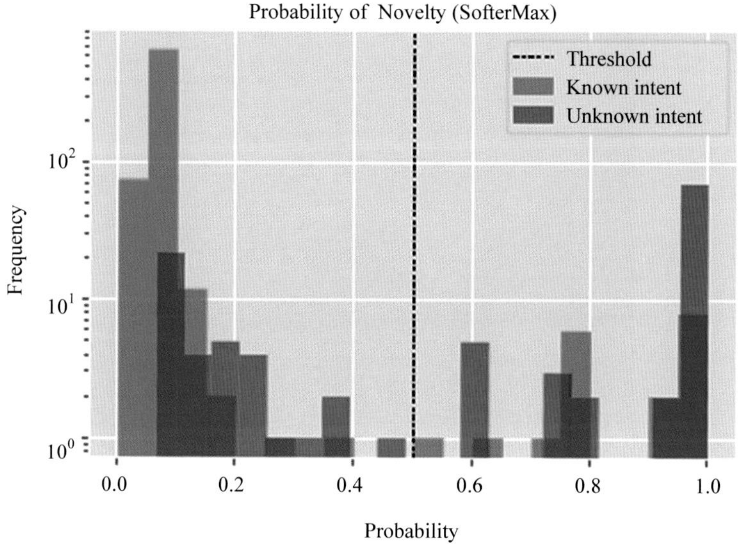

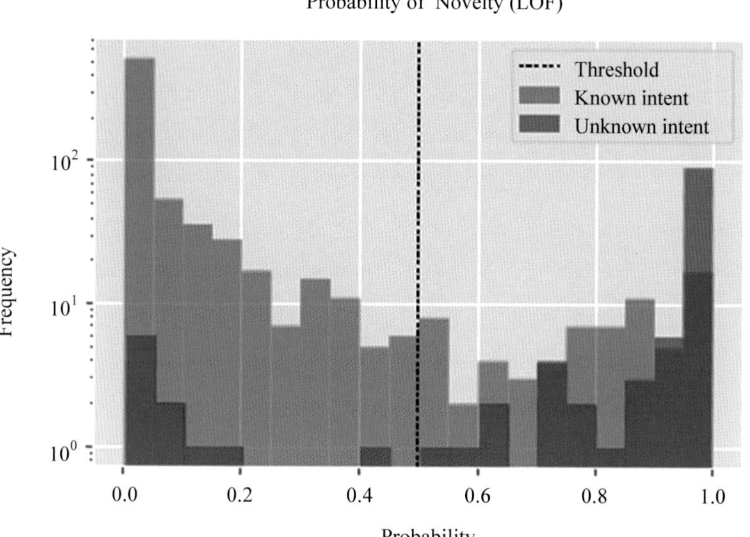

图 5.11　SofterMax 和 LOF 经过 Platt scaling 后的新颖概率分布

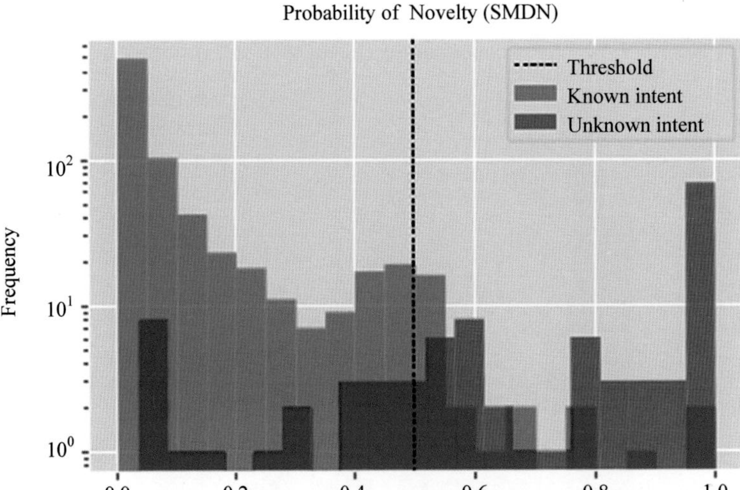

图 5.12　SMDN 经过 Platt scaling 后的新颖概率分布

面向共融机器人的自然交互
——人机对话意图理解

徐 华 编著

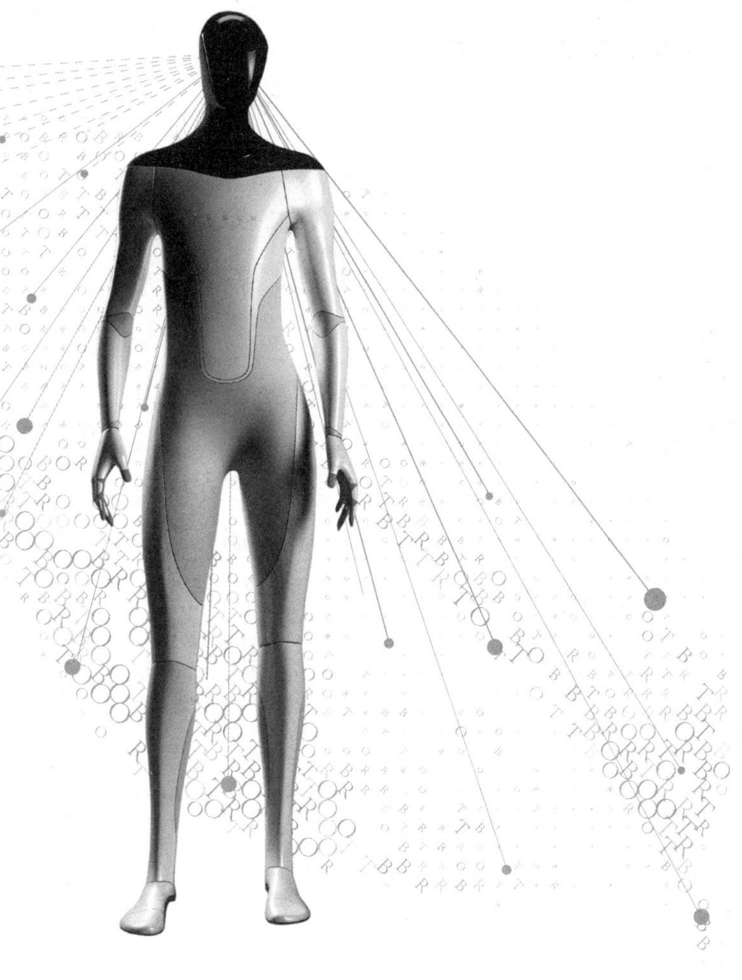

清華大學出版社
北 京

内 容 简 介

共融机器人是能够与作业环境、人和其他机器人自然交互、自主适应复杂动态环境并协同作业的机器人。"敏锐体贴型"的自然交互是共融服务机器人的研究热点问题之一。当前迫切需要机器人与人具有交互对话意图的理解能力。本书立足基于深度学习方法的人机理解领域，从人机对话意图理解出发，系统介绍了人机对话中的意图识别、未知意图检测和新意图发现的方法。

本书是国内共融机器人自然交互领域第一本系统介绍交互对话意图分析的专业书籍，可为读者提供共融机器人研究领域人机对话意图分析的关键技术和基础知识，追踪该领域的发展前沿提供重要的学习和研究参考。

本书封面贴有清华大学出版社防伪标签，无标签者不得销售。
版权所有，侵权必究。举报：010-62782989，beiqinquan@tup.tsinghua.edu.cn。

图书在版编目(CIP)数据

面向共融机器人的自然交互：人机对话意图理解/徐华编著. —北京：清华大学出版社，2022.4
ISBN 978-7-302-60110-4

Ⅰ.①面… Ⅱ.①徐… Ⅲ.①人-机对话 Ⅳ.①TP11

中国版本图书馆 CIP 数据核字(2022)第 020959 号

责任编辑：白立军
封面设计：刘 乾
责任校对：焦丽丽
责任印制：沈 露

出版发行：清华大学出版社
网 址：http://www.tup.com.cn，http://www.wqbook.com
地 址：北京清华大学学研大厦 A 座 邮 编：100084
社 总 机：010-83470000 邮 购：010-83470235
投稿与读者服务：010-62776969，c-service@tup.tsinghua.edu.cn
质量反馈：010-62772015，zhiliang@tup.tsinghua.edu.cn
课件下载：http://www.tup.com.cn，010-83470236
印 装 者：三河市铭诚印务有限公司
经 销：全国新华书店
开 本：185mm×230mm **印 张**：9.25 **彩 插**：2 **字 数**：190 千字
版 次：2022 年 4 月第 1 版 **印 次**：2022 年 4 月第 1 次印刷
定 价：48.00 元

产品编号：094453-01

前　言

共融机器人的自然交互主要是针对机器人与人共融的应用场景，实现机器人与人、机器人与环境以及机器人之间自然性的交互共融。从共融服务机器人实际应用的角度而言，机器人与人之间的自然交互能力是其核心关键技术之一。机器人与人之间的自然交互能力主要涉及人机对话能力、人的多模态情感感知能力、人机协同能力等方面。为了实现共融服务机器人①高效的对话能力，需要在人机交互的过程中让机器人具备强大的用户意图理解能力。这是实现高效智能化机器人与人对话的核心关键技术之一。2021年12月，工业和信息化部、国家发展和改革委员会等15个部门正式印发《"十四五"机器人产业发展规划》，其中将"人机自然交互技术、情感识别技术"等列为"机器人核心技术攻关行动"的前沿技术，足见共融机器人的自然交互技术在未来机器人产业中的重要性。本书面向产业前沿、技术前沿和研究前沿，对机器人自然交互技术中的重要问题与方法开展系统化论述。

对于分析对象的理解主要包括识别、认知和推理等不同层次的能力。对于人机交互意图理解的研究基本还聚焦在识别的层次，面向人机自然交互的意图识别的研究与应用，由浅入深，主要包括如下几个层次的内容：意图分类、未知意图检测和开放意图发现。面向自然交互的意图理解是涉及自然语言处理、机器学习、算法、机器人系统、人机交互等方面相互融合的综合性研究领域。近年来，笔者所在的清华大学计算机科学与技术系智能技术与系统国家重点实验室研究团队，在面向智能机器人的自然交互的意图理解方面开展了大量开创性的研究与应用型工作，特别是基于深度学习模型开展基于上下文人机对话文本信息的意图识别、未知意图检测和开放意图发现方面取得了一定的研究成果，这些成果②陆续发表于近年来的人工智能领域的顶级国际会议ACL、AAAI、ACM MM和知名国际期刊*Pattern Recognition*、*Knowledge based Systems*。为了能够系统地呈现学术界和笔者团队近年来在意图识别（分类）、未知意图检测和开放意图发现方

---

① 此处共融服务机器人包括实体服务机器人、在线虚拟（软）机器人、智能客服等系统或者产品形态。

② 具体可参见笔者成果的公开网址 https://github.com/thuiar。

面的最新成果，特别梳理了相关工作成果内容，以完整、系统论述的形式呈现在读者面前。

本书是“面向共融机器人的自然交互”系列图书的第一部，笔者的研究团队后续将及时梳理和归纳总结相关的最新成果，以系列图书的形式分享给读者。本书既可以作为共融机器人自然交互、智能问答（客服）、自然语言处理、人机交互等领域的专业性教材，同时也可以作为智能机器人、自然语言处理、人机交互等方面系统与产品研发重要的参考书。本书相关的内容资料(算法代码、数据集等)可在开源社区 GitHub 下载。

由于共融型智能机器人的自然交互是一个崭新的快速发展的研究领域，受限于笔者的学识和认知范围，书中错误和不足之处在所难免，衷心希望读者能给我们的图书提出宝贵的意见和建议，请发邮件至 xuhua@ tsinghua.edu.cn。

本书的相关研究工作和编写得到了国家自然科学基金研究项目（项目编号:62173195）的支持。最后感谢清华大学计算机科学与技术系智能技术与系统国家重点实验室赵康、赵少杰、陈小飞和吴至婧等同学对于书稿整理所付出的艰辛努力，以及林廷恩、张瀚镭、余文梦、王鑫等同学在相关研究方向上不断持续地合作与创新工作。没有各位团队成员的努力，本书无法以体系化的形式呈现在读者面前。

编　者

2021 年 11 月

于清华园

目　录

第一篇　概　述

第二篇 意 图 分 类

第三篇　未知意图检测

第四篇　未知意图发现

第五篇　对话意图识别平台

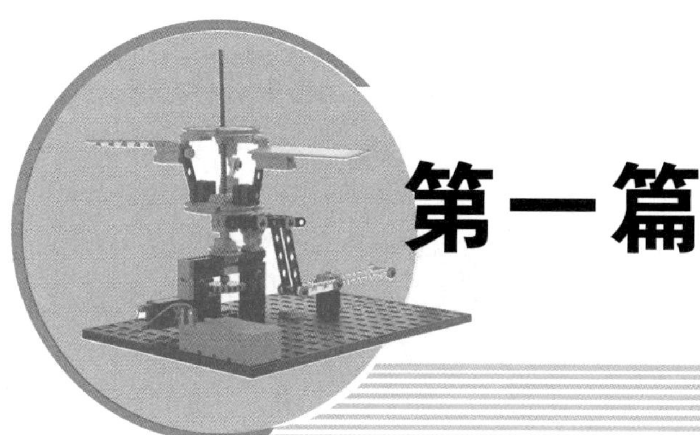

第一篇

概　　述

本篇是对全书的概述。

第1章 对话系统

随着互联网技术及其应用的高速发展，人们可以获取的信息呈现指数级的爆炸式增长，如何让用户在海量数据中快速、精准地获取所需要的信息，已经成为信息时代的重要需求。然而，随着智能机器人、智能硬件设备的日益普及，人们不再满足于传统搜索引擎基于关键字的信息检索模式，而是希望通过语音对话等更自然的方式来获取信息。对话系统的出现，使人们能够以自然语言的形式与各类机器人和智能设备进行自然交互、获取信息。这种崭新的交互方式不仅引起了研究人员的广泛关注，更对人们的日常生活产生了深远的影响。

伴随着人工智能和自然语言处理技术的飞速发展，面向共融性自然交互的人机对话系统已逐渐在日常生活中扮演至关重要的角色。对话系统允许用户以语音或自然语言文本形式进行交互，并有着广泛的应用场景。除了基本的信息获取和查询以外，更能取代各种重复性的脑力劳动工作，进而节省大量的人力成本，有效提升工作效率。对话系统一般分为非任务导向型和任务导向型两种，非任务导向型对话系统以开放域闲聊或问答为主，通过对话交互满足用户休闲娱乐、服务咨询的需求。任务导向型对话系统能够帮助用户完成具体的任务，如航班订票、餐馆预订等，通过多轮交互确认用户需求，完成服务。例如，智能外呼机器人可实时拨打电话给用户进行问卷调查；智能客服可提供全天候的在线服务咨询和业务查询；智能语音助手(Intelligent Personal Assistant，IPA)可通过实时语音交互，完成相对应的任务。以智能语音助手为代表，各大企业皆意识到其中的商业价值，纷纷推出了同步功能定位的产品[1]，如国外的亚马逊 Alexa、苹果 Siri、微软 Cortana 和谷歌语音助手，以及国内的阿里小蜜、百度小度和小米小爱等，未来前景无可限量。

传统的对话系统由多个功能模块组成，其中主要包括 4 个核心功能模块[2]，如图 1.1 所示，分别是自然语言理解(Natural Language Understanding，NLU)、对话管理(Dialogue Management，DM)、知识库(Knowledge Base，KB)和自然语言生成(Natural Language Generation，NLG)。自然语言理解模块包含了领域识别、意图识别和槽位填充 3 个方面的子任务，负责将用户输入的自然语言解析为机器可理解的内容，并以语义框架的形式传入对话管理模块。对话管理模块包含对话状态追踪和对话策略学习两个子任

务,负责维护整个对话的逻辑性、完整性和流畅性,并根据对话状态来读取或修改知识库中的信息。最后,自然语言生成模块再根据对话策略和系统动作,输出相对应的回复。

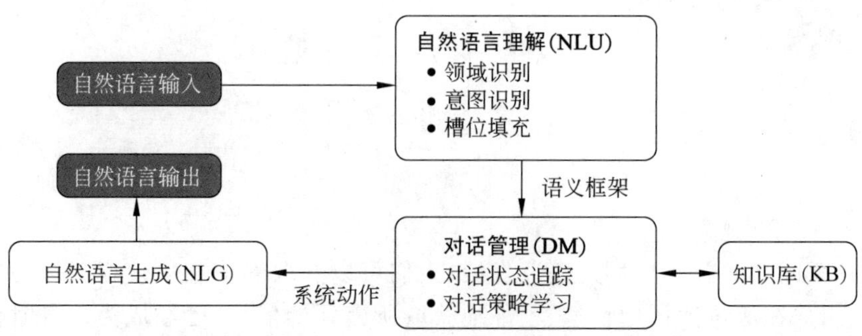

图 1.1　对话系统的 4 大组成模块

构建人机对话系统是件极具挑战性的任务,特别是自然语言理解模块,它负责将用户的输入语句转化为机器可以理解的结构化语义表示,并映射到系统预先定义好的用户意图类型上,使系统可以做出相对应的回复。然而,在现实情况中,由于用户需求的复杂性和多样性,自然语言理解模块在设计时难以涵盖所有的用户意图类型。随着人机对话系统的蓬勃发展,用户各式各样的需求也不断地增加,如何发现这些在训练集中从未出现过、尚未被识别的用户未知意图类型,成为至关重要的问题。

通过精准识别用户意图类型、发现未知需求,我们能够进一步提升已有服务需求质量,同时深层次地捕捉用户的兴趣、喜好,提供个性化服务。因此,精准识别用户意图具有极高的商业价值。未知意图类型发现是非常新颖的研究领域,目前相关的研究并不多。未知意图类型发现相关研究主要分为 3 个流派。第一个流派是基于超出领域范围的未知意图检测[3-4],通过对已知意图建模,使得模型能够检测出不属于已知意图的未知意图样本。第二个流派是基于无聚类的未知意图类型发现[5],通过特定的距离度量指标将相似的句子进行分组,进而发现潜在的未知意图类别。第三个流派是基于半聚类的未知意图类型发现[6],通过引入少量标注数据作为先验知识来引导聚类过程,从而发现未知意图类型。然而,由于存在无法利用未知意图样本进行训练或者调参、未知意图类型无法准确识别等问题,对话意图类型发现仍具有很大的挑战性。

为了高效回答和解决用户问题,需要准确识别和理解用户的未知意图类型。做到这点,不但需要具备自然语言处理基础知识,还要了解意图识别分类发现算法,对其不断优化。针对意图类型识别这个关键步骤,我们希望能在保证满足用户已知需求的同时发现未知需求,这样既能防止未知意图类型被错误分类到已知意图类型,又能利用未知意图去挖掘更多的潜在意图。

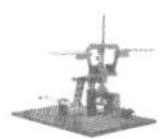

对话未知意图类型发现是崭新的研究领域，可以将其视为自然语言处理、超出领域范围的未知意图检测、迁移学习和聚类等多领域的交叉学科研究。除了任务型对话场景之外，可以将未知意图类型发现算法拓展到闲聊型和非合作型对话等场景。其次，并非所有的用户语句都带有特定意图，可以考虑在基于聚类算法发现未知意图类型的同时进行异常值检测，滤除噪声数据。最后，在实际场景中，一个句子的背后可能同时隐含多个意图，可以考虑使用多标签聚类模型来进行未知意图类型发现。相信未知意图类型发现算法能够在大数据时代发挥其更大的价值。

第2章 意图识别

在人机对话系统的实际应用场景中，意图识别是关键且极具挑战性的重要难题。将用户语义映射到预先定义好的用户意图类型的过程称为**已知意图分类**。精准高效的意图分类，能为对话系统向用户提供精准服务提供保障。随着人机对话系统的蓬勃发展，用户各式各样的新需求不断增加，如何发现这些在训练集中从未出现过、尚未被满足的用户未知意图类型，成为至关重要的问题。上述检测出未出现在预定义意图集中的用户未知意图类型的过程称为**未知意图检测**。在成功将未知意图和已知意图分离后，人们更关心具体到底发现了哪几类未知意图。将未知意图划分为多种新的用户意图类型的过程称为**未知意图类型发现**。通过发现用户的未知意图，不仅能够识别潜在的商业机会，同时也能为系统的未来研发方向提供指导，而且有利于挖掘用户的潜在需求。

要实现一个有效的对话意图识别过程，首先需要获得良好的意图特征表示，意图特征表示的优劣对于后续意图分类性能的好坏起着至关重要的作用。因此，2.1 节将对意图特征表示的研究进行概述；2.2 节介绍了与已知意图分类相关的研究方法；2.3 节回顾了与未知意图检测相关的研究方法；2.4 节则回顾了与未知意图类型发现相关的研究方法；2.5 是本章总结，将从上述研究分析现状引出本书研究工作。

2.1 意图特征表示相关研究综述

数据的特征表示是机器学习的核心问题之一，需要将不同类型的数据转化为机器可理解的数学符号来表示才能进行后续的分析任务。如何对文本数据进行表示同样是自然语言处理问题的关键所在。良好的文本表示在情感分析(Sentiment Analysis)[7]、命名实体识别(Named Entity Recognition，NER)[8]、文本生成(Text Generation)[9]等许多自然语言处理任务中都起着重要作用。同样，在对话意图识别任务中，对意图特征的有效表示也是我们需要解决的关键问题。

在自然语言处理问题中，词向量是文本特征表示的通用技术。对于复杂抽象的文本数据，优质的词向量能较好地对不同文本之间的语义关系进行建模，从而更好地提取文本

关键特征。下面从“离散式表示”和“分布式表示”两个方面对意图表示进行详细阐述。

2.1.1 离散式表示

早期研究人员用高维、稀疏、离散的向量进行文本表示，本部分将介绍 4 种常见的离散式表示方法（独热编码、词袋模型、词频-逆文档频率、N 元语法）。

1. 独热编码

独热编码（One-hot Representation）是自然语言处理问题中最基础、最常见的文本特征表示方法之一。将词语用高维离散数值为 0 或 1 的向量来表示，向量维度是词汇表的大小。向量中词语在词表中对应位置的值为 1，其余位置的值为 0。举个例子，词语“中国”表示为[0,1,0,…,0,0]，“北京”表示为[0,0,1,…,0,0]，则“中国”在词汇表中的位置编号为 1，“北京”的位置编号为 2。

这种简单的表示方法在常见的机器学习任务中已经取得了一定的效果，但是也存在一定的问题。首先，独热编码表示的维度是和词汇表大小成正比的，容易造成维度灾难[10]的问题，高维空间稀疏矩阵也会严重浪费计算资源。其次，“中国”和“北京”两者本应存在关联，但是独热编码的向量彼此独立、无法体现词语之间的相关性。最后，独热编码无法衡量词语在一句话中的重要程度。

2. 词袋模型

词袋模型[9]（Bag of Word）忽略了词语的顺序和语法等信息，直接对文本进行表示。词袋模型编码向量的维度也是词汇表的大小，向量中词汇表中不同词语位置的索引值为该词在文本中出现的频数。

这种方法虽然能够统计每个词在文本中出现的频数，但是忽略了词语的顺序信息，同样无法区分词语在句子中的重要程度。

3. 词频-逆文档频率

为了解决独热编码和词袋模型无法区分词语重要程度的问题，词频-逆文档频率（TF-IDF）算法[10]应运而生。词频（TF）即文档中词语出现的频率，频率高倾向于重要或者常见的词语。文档频率（DF）即语料库中含有某个词的文本所占比例，逆文档频率（IDF）是文档频率倒数的对数值，IDF 值越大表明词语出现的领域很少，相对越重要。TF-IDF 是 TF 与 IDF 的乘积。

这种方法简单易行，能够保留重要的词语同时滤掉常见的词语。但是仍然存在无法反映词语位置信息的问题。由于是基于语料库的统计算法，TF-IDF 对语料库的质量要求比较高。

4. *N* 元语法

为了克服之前3种方法存在的缺失位置信息的问题，我们引入 *N* 元语法(N-gram)[11]表示。N-gram 以语言模型(Language Model)为基础。对于文本序列$\{w_1, w_2, \cdots, w_n\}$，语言模型计算该序列为合理序列的概率。

$$p(w_1, w_2, \cdots, w_n) = \prod_{i=1}^{n} P(w_i \mid w_1, w_2, \cdots, w_{i-1}) \tag{2-1}$$

上述联合概率中每个条件概率就是语言模型的参数，概率值越大表明组成的句子越合理。

然而，统计语言模型式(2-1)的表达方式存在很大缺陷。对于词表大小为V，长度为T的句子，理论上产生的句子组合种类有V^T，参数数量将达到$O(TV^T)$，由于参数量巨大，无法准确估算概率。另外，由于产生很多语料库中未出现的组合种类，仍存在稀疏性问题。

N-gram 语言模型对式(2-1)做了简化，一个词出现的概率只与其之前出现的$m-1$个词的概率有关。

$$p(w_1, w_2, \cdots, w_n) = \prod_{i=1}^{n} P(w_i \mid w_{i-m+1}, \cdots, w_{i-1}) \tag{2-2}$$

对于语料库中的全部句子，N-gram 将两两相邻的 *N* 个词为一组，按照组顺序索引进行编码得到高维离散向量。对于每个索引位置对应的 *N* 元相邻词组，如果在文本中出现则向量中该位置值为1，否则为0。

N-gram 表示虽然考虑了词语的顺序性，但是仍存在一定的问题。N-gram 只能对之前有限数量的词进行建模，*N* 过大仍会导致参数空间指数级增长和数据稀疏的问题，*N* 过小则会导致词语之间缺乏长期依赖关系的问题。

2.1.2 分布式表示

2.1.1节介绍了离散式特征表示方法，离散式特征表示方法往往存在高维向量计算开销大、文本表示缺乏关联性的问题。因此，下面简单介绍一下分布式特征表示方法。

分布式特征表示方法将高维、稀疏的向量转化为低维、稠密的向量，能更好地反映文本表示的相似性，避免维度灾难，同时每一维度会蕴含更多的语义信息。1954年 Harris[12]提出了词语的相似性与上下文有关的分布式假说，1957年 Firth[13]进一步明确了“词的语义是由上下文决定”的阐述。基于以上理论，相关研究人员提出了基于矩阵和基于神经网络的两类分布式特征表示方法。

1. 基于矩阵的分布式表示

基于矩阵的分布式表示方法需要通过大量文本语料构建词与上下文对应的共现矩阵(Co-Occurrence Matrix)。要结合指定的窗口大小选择词的上下文，上下文可以为文档、

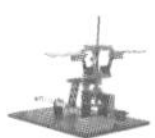

词语或者 N 元词组，通过统计词与上下文的共同出现次数得到共现矩阵。但是随着词表的增大，词向量维度也会随之增加，仍存在矩阵稀疏性的问题。Pennington 等人在 2014 年提出 Global Vector (Glove)模型[14]，通过全局矩阵分解的方式对词-词的共现信息进行训练得到词向量。Glove 模型能够在考虑词语上下文信息的同时，获得低维稠密的向量表示，词向量质量较高，但是无法结合不同上下文进行动态调整。

2. 基于神经网络的分布式表示

1986 年 Hinton 最早提出了基于神经网络的分布式表示(Distributed Representation)的思想[15]。2003 年 Bengio 首次利用神经网络训练语言模型(NNLM)得到词向量[16]，利用三层神经网络构建语言模型，神经网络结构如图 2.1 所示。对于词向量矩阵 $\boldsymbol{E}$(维度为 $|V|\times m$，$|V|$ 为词表大小，m 为词向量维度)，$E(w)$ 为词 w 的向量表示(对应词向量矩阵中的一行)。神经网络输入层由 $n-1$ 个词向量拼接得到(n 为一句话的长度)，再经过神经网络映射得到隐藏层和输出层。输出层(维度为 $|V|$)经过 Softmax 激活函数归一化得到每个词语的输出概率。

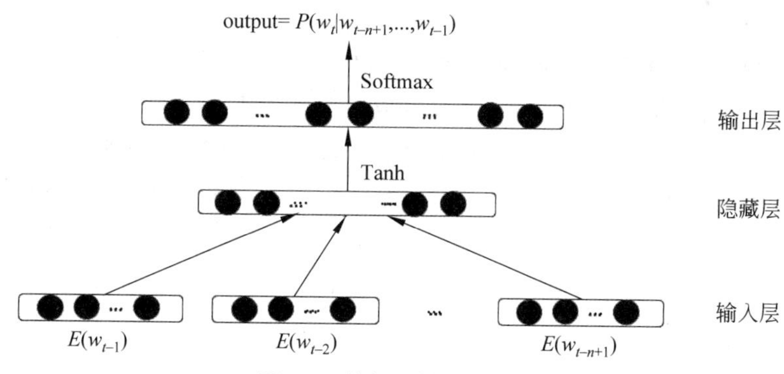

图 2.1　神经网络结构(一)

然而，上述神经网络语言模型只能结合有限的前文信息，为了解决该问题，Mikolov 等人[17]提出了循环神经网络语言模型(RNNLM)，神经网络结构如图 2.2 所示。

对于第 t 个时间步，RNNLM 可以表示成：

$$x_t=[E(w_t);S_{t-1}] \tag{2-3}$$

$$x_t=[E(w_t);S_{t-1}] \tag{2-4}$$

$$s_t=f(\boldsymbol{U}x_t+b) \tag{2-5}$$

$$y_t=g(\boldsymbol{V}S_t+d)$$

其中，$\boldsymbol{U}$ 和 $\boldsymbol{V}$ 是权重矩阵；b 和 d 分别是隐藏层和输出层的偏置；f 代表 Sigmoid 激活函数；g 代表 Softmax 激活函数。当前时间步的隐状态和下一时间步的输入共同作为下一

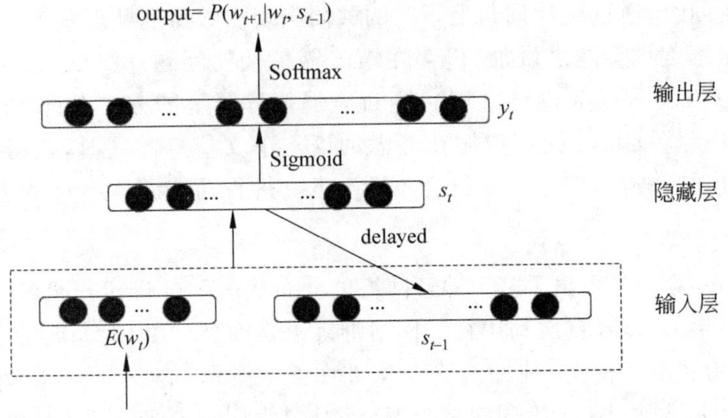

图 2.2 神经网络结构(二)

时间步的初始状态。因此,RNNLM 能够有效捕捉长距离历史信息,解决了 NNLM 存在的只能结合有限前文信息的问题。

对于 NNLM 和 RNNLM 而言,词向量都只是训练神经网络模型的副产品,由于训练神经网络的参数众多,导致词向量的计算开销很大。2013 年 Mikolov 等人[18]在 NNLM 的基础上,专注于解决词向量问题,通过去掉神经网络隐藏层,大幅缩短了训练时间并得到了高质量的词向量表示。其中主要涉及两个比较重要的模型,分别是 Continuous Bag-of-Words Model(CBOW 模型)和 Continuous Skip-gram Model(Skip-gram 模型),模型结构如图 2.3 和图 2.4 所示。

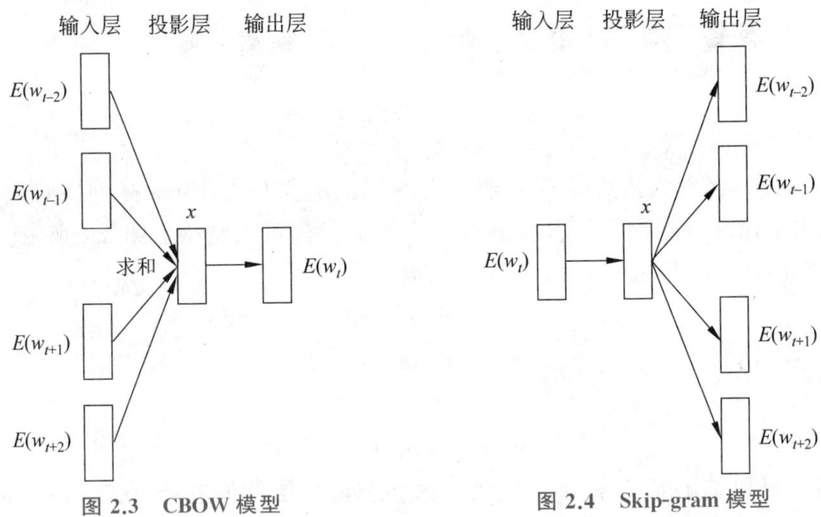

图 2.3 CBOW 模型

图 2.4 Skip-gram 模型

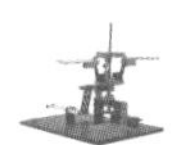

CBOW 模型分为输入层、投影层和输出层，目标是通过上下文预测中心词。输入层包含中心词 w_t 的上下文词向量$E(w_{t-c}),\cdots,E(w_{t-1}),E(w_{t+1}),\cdots,E(w_{t+c})\in \mathbf{R}^D$，其中 c 为上下文窗口大小；D 为词向量维度。投影层通过对上下文词向量加和平均，将它们投影成 D 维向量。输出层则将传统全连接层 Softmax 替换成利用二叉树结构的层次 Softmax，一定程度上减少了输出层的计算开销。由于利用连续上下文分布表示且上下文词向量顺序不影响投影层结果，因此称之为连续词袋模型。CBOW 模型通过最大化上下文词预测中心词的对数似然得到目标函数。

$$\text{Loss}_{\text{CBOW}}=\frac{1}{T}\sum_{t=1}^{T}\log\left(p\left(w_t \mid \sum_{-c\leqslant j\leqslant c,j\neq 0} w_{t+j}\right)\right) \tag{2-6}$$

Skip-gram 模型通过中心词 w_t 预测上下文词向量 $E(w_{t-c}),\cdots,E(w_{t-1}),E(w_{t+1}),\cdots,E(w_{t+c})\in \mathbf{R}^D$。词向量 $E(w_t)$为输入层，经过投影层映射得到连续上下文的词向量表示。Skip-gram 模型通过最大化中心词预测上下文词向量的对数似然得到目标函数。

$$\text{Loss}_{\text{Skip-gram}}=\frac{1}{T}\sum_{t=1}^{T}\sum_{-c\leqslant j\leqslant c,j\neq 0}\log\left(p\left(w_{t+j} \mid w_t\right)\right) \tag{2-7}$$

在 Skip-gram 模型的基础上，Mikolov 等人利用层次 Softmax、负采样、高频词欠采样等手段[19]，对全连接 Softmax 输出层进行优化，进一步提高模型的收敛性能，缩短训练时间。此外，为了验证训练得到的词向量是否具有相关性，CBOW 模型和 Skip-gram 模型设计了这样的任务，从语料中找到诸如“中国”和“北京”、“美国”和“华盛顿”这样具有相关性质的词向量对，优质的词向量应满足 E(中国)-E(北京)等于 E(美国)-E(华盛顿)的性质。CBOW 模型和 Skip-gram 模型在此任务上模型效果要优于传统的 NNLM 模型。

基于神经网络的分布式表示解决了离散式特征表示计算开销大、向量之间缺乏相关性的问题，但是 NNLM、RNNLM 等方法获得的词向量均为静态的，无法结合不同上下文进行动态调整，不能解决一词多义的问题。为了解决此问题，近年来研究人员提出了一系列经典的预训练语言模型，取得了惊人的效果，下面将介绍其中主要的 3 个预训练语言模型，如图 2.5 所示。

2018 年 Peters 等人提出了 ELMo[20] (Embedding from Language Models)模型，能够从深层双向语言模型学习动态的词向量表示，模型结构如图 2.5(a)所示。模型利用双向长短期记忆神经网络(BiLSTM)分别对上文和下文向量进行独立编码，再将上下文向量进行拼接得到结合上下文信息的词向量表示，最大化对数似然得到训练目标函数。

$$\begin{aligned}\text{Loss}_{\text{ELMO}}=\sum_{t=1}^{T}(&\log p(w_t \mid w_1,w_2,\cdots,w_{t-1};\theta_x,\overrightarrow{\theta_{\text{LSTM}}},\theta_s))+\\&\log p(w_t \mid w_{t+1},\cdots,w_T;\theta_x,\overleftarrow{\theta_{\text{LSTM}}},\theta_s)\end{aligned} \tag{2-8}$$

其中，θ_x 为词向量参数；$\overleftarrow{\theta_{\text{LSTM}}}$和$\overrightarrow{\theta_{\text{LSTM}}}$为网络参数；$\theta_s$ 为 Softmax 层参数。

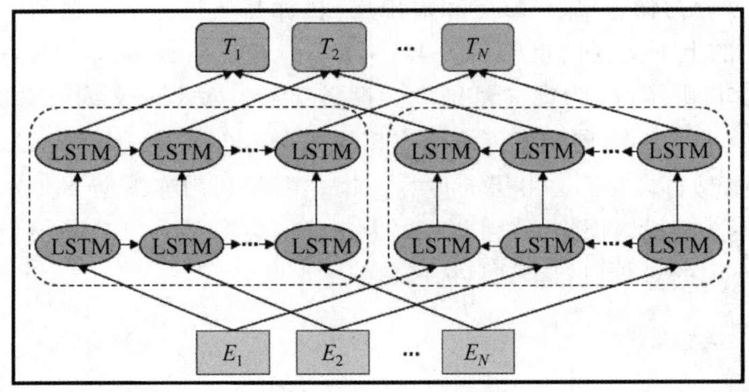

(a) ELMo

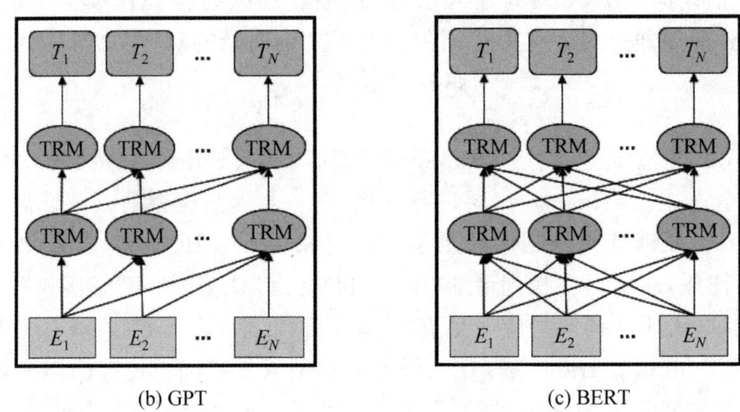

(b) GPT　　　　(c) BERT

图 2.5　预训练语言模型

2018 年 Radford 等人提出了 GPT 模型[21-22]，利用多层 Transformer[23] 作为特征提取器，进一步提高了特征抽取能力，模型结构如图 2.5(b)所示。训练分为两个阶段。第一阶段为无监督预训练语言模型，利用 Transformer 的解码器训练语言模型，最大化前文预测当前词的对数似然得到目标函数。

$$\text{Loss}_{\text{GPT}} = \sum_{t=1}^{T} \log p(w_t \mid w_{t-c}, \cdots, w_{t-1}; \theta) \tag{2-9}$$

其中，c 为上文窗口大小；θ 为模型参数。第二阶段则利用第一阶段提取的特征对下游任务进行微调，通过最大化对数似然进行训练。

$$\text{Loss}_{\text{finetune}} = \sum_{x,y} \log p(y \mid x_1, x_2, \cdots, x_n) \tag{2-10}$$

其中，n 为序列长度。

GPT 模型利用 Transformer 增强了模型特征抽取能力，但是获得的特征表示缺失下文信息。因此，2019 年 Devin 等人提出了 Bidirectional Encoder Representation from Transformers(BERT)模型[24]。该模型在利用多层 Transformer 作为编码器的同时，能够兼顾词语的上下文信息，在多个 NLP 任务上取得了非常好的结果，模型结构如图 2.5(c)所示。

BERT 同样采用预训练-微调的两阶段训练方式。在预训练阶段，BERT 提出了两个任务：掩模语言模型(Masked Language Model, Masked LM)和下一句子预测(Next Sentence Prediction, NSP)。Masked LM 的目标是构建语言模型利用上下文信息对中心词进行预测。针对此任务，ELMo 采取的做法是利用 BiLSTM 编码的上下文向量进行拼接，但是这种方法无法学习到特征表示的深层次信息，直接利用上下文编码向量又会导致预测词信息泄露。为了使得语言模型能够兼顾上下文信息同时避免信息泄露，BERT 在训练过程中随机遮掩 15%的单词(利用[mask]标签替换)，利用无监督方法预测带有[mask]标签的词语。但是由于被遮掩的单词有可能在微调阶段从未出现，因此在被遮掩的词语中，80%用[mask]标签替换、10%用其他词随机替换，剩下 10%保持不变，最终保证每个词向量都能得到充分学习。NSP 的目标是理解两个句子之间的联系。训练目标比较简单，即对于输入句子 A 和 B，判断 B 是否为 A 的下一句。

在微调阶段，BERT 能够广泛适用于如文本分类、序列标注、问答匹配等典型 NLP 下游任务。本书介绍的对话意图类型发现任务则利用预训练 BERT 语言模型提取对话意图特征，通过下游任务微调，学习适用于对话意图类型发现任务的深度意图特征表示。

2.1.3 小结

对于意图的特征表示，以文本表示的发展历史为基础而展开，介绍了高维稀疏的离散式特征表示和低维稠密的分布式特征表示方法，并分析不同特征表示方法的利与弊。选择目前先进的意图特征表示方法为基础来实现意图识别。

2.2 已知意图分类方法研究综述

在对话系统中，除了意图分类单任务模型外，也有研究者将已知意图分类和槽位填充共同执行，利用两个任务之间的强关联性来实现两个任务之间的相互增益。

2.2.1 基于单模型的对话意图分类模型研究综述

近年来，众多研究者针对用户对话内容进行意图分类问题，提出了各种模型。例如，

Kato 等人[25]提出一种数据驱动的自动编码器方法，通过建立回归树以减少自动编码器重建子节点的总误差。Kim 等人[26]提出一种丰富词嵌入的方法来完成意图分类任务，通过迫使语义相似或不相似的词汇在嵌入空间距离更近或更远，以提高分类任务的表现。并且使用不同语义词典来丰富词嵌入，然后将它们作为词的初始表示来进行意图分类，并在嵌入的基础上，构建双向 LSTM 用于意图分类。最近，随着预训练模型的推广，使用大规模无标记语料库进行深度双向表示的预训练任务，在简单的微调后为各种自然语言处理任务带来了提升。其中，Chen 等人[27]探索了将预训练 BERT 模型用于意图分类任务，从而获得了模型效果的提升。

2.2.2 基于双模型的对话意图分类模型研究综述

不同于上文单模型只完成意图分类任务，双模型通过完成意图分类和槽位填充两个任务实现互相增益。在双模型中，两个任务不共享一个循环神经网络或卷积神经网络，而是分别使用各自的神经网络结构，通过两个任务的神经网络的隐状态的共享来实现两个任务之间的信息共享，进而实现联合学习的目的。Wang 等人[28]在意图分类和槽位填充的领域首先提出双模型结构，意图分类和槽位填充两个任务都使用自己独立的编码器-解码器结构，编码器采用双向 LSTM 层，解码器采用单向 LSTM 层，意图分类解码器的最后时刻的输出通过 Softmax 分类层来输出意图类型，槽位填充解码器每个时刻的输出通过 Softmax 分类层输出每个时刻的槽位标签。两个任务编码器在每个时刻输出都会共享给另一个任务的解码器，因此，每个编码器不仅可以得到各自任务编码器的输出，还可以得到另一个任务编码器的输出，通过这样共享隐状态的方式实现两个任务的联合学习。

2.2.3 小结

2.2 节对已知意图分类的相关研究综述进行了介绍，并详细分析了每种方法的优缺点。已知意图分类研究主要分为两类：第一类是基于单模型的意图分类方法，第二类是基于双模型的对话意图分类方法。本书将详细介绍最新的改进型的意图分类方法，通过共享多个神经网络的内部状态信息来异步训练多个神经网络。

2.3 未知意图检测研究综述

通过发现未知需求我们能够进一步提升已有服务需求质量，同时深层次地捕捉用户的兴趣、喜好，提供个性化服务。因此，具有极高的商业价值。然而，由于存在无法利用未知意图样本进行训练或者调参、未知意图种类无法准确估计等问题，对话未知意图检测仍具有很大的挑战性，相关领域的研究并不多。本书将未知意图检测方法分为 4 类：基于

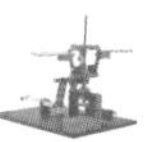

传统判别式模型的未知意图检测；基于计算机视觉领域开放集识别的未知意图检测；基于领域外样本检测的未知意图检测和基于其他方法的未知意图检测。

2.3.1　基于传统判别式模型的未知意图检测

如果将对话未知意图检测看作是开放式分类问题，将测试集中包含的未知类意图样本看作一类，希望利用训练集中 n 类已知意图样本作为先验知识，在测试阶段完成 n 类已知类型分类的同时，有效检测未知类型的样本。早期研究人员利用单类别分类器解决开放分类问题。单类别支持向量机(One-class SVM)[29]利用核函数定义的原点作为唯一的负类，其余类作为正类，最大化其余类相对于原点的空间边界。支持向量数据描述(SVDD)[30]方法在特征空间中找寻包含大部分训练样本的最优超球体，根据样本在特征空间中是否落入最优超球体内判断是否为开放类型。但是，这类方法在训练数据缺乏负样本时训练效果会比较差[31]。对于多类别开放分类，最经典的方法是一对多支持向量机(1-vs-rest SVM)[32]，对于已知类别 $C=\{C_1, C_2, \cdots, C_n\}$，针对每一类别 C_i 训练二进制分类器，将属于 C_i 的视为正类，不属于 C_i 的视为负类，通过二分类得到的数据学习每一类别的决策边界。

2.3.2　基于计算机视觉领域开放集识别的未知意图检测

开放分类也广泛用于计算机视觉领域(开放集识别问题)。2013 年 Scheirer 等人引入开放空间风险的概念[33]作为衡量开放分类的标准，开放空间即决策边界外的开放类所在区域，降低开放空间风险意味着尽可能减小决策边界覆盖开放空间的范围。他们对一对多 SVM 方法进行了扩展，通过两个平行的超平面作为正类边界减小开放空间风险，但是这种降低开放空间风险的程度仍较为有限。2014 年 Jain 等人[34]利用多类别一对多 RBF SVM 方法得到正类的分类分数，再利用极值理论估计韦伯分布拟合的分类概率。Scheirer 等人提出紧缩衰减概率模型[35]，具体解释了如何获得 RBF 单类别 SVM 方法的输出概率阈值。然而，上述两种方法[34-35]都需要未知类样本作为先验知识选择决策阈值。2016 年 Fei 和 Liu 提出基于中心相似度的支持向量机算法(cbsSVM)[31]，该方法基于 SVM，通过计算每一类别样本与对应簇中心的相似度获得决策边界，该方法同样在训练阶段需要未知类样本。上述方法均缺乏对意图的深层关系建模，开放分类效果比较有限。

深度神经网络(DNN)能够捕捉到深度特征信息，因此研究人员尝试利用 DNN 完成开放分类任务。2016 年 Bendale 和 Boult 提出 OpenMax 算法[36]，明确了深度神经网络提取的特征开放空间的具体形式。该方法利用深度卷积神经网络倒数第二层激活向量感知极值距离，再通过韦伯分布拟合获得未知类概率，该方法在一定程度上降低了开放空间风险，但是仍需要未知类样本调参获得最佳参数。2017 年 Shu 等人提出了 DOC 算法[37]，利用 Sigmoid 激活函数作为深度神经网络的最后一层，基于分类概率的统计分布结果计算概率阈值，该方法虽然基于统计概率分布提出了一种获得决策边界的方法，但是并没有找到区分不同意图的本质特征。

2.3.3 基于领域外样本检测的未知意图类型检测

未知意图类型检测还与领域外(OOD)样本检测的方法有关。2017 年 Hendrycks 和 Gimpel 提出了一个简单的基线方法[38]用于检测领域外样本，相关研究工作指出经过训练的领域内样本倾向于比未经过训练的领域外样本获得更高的 Softmax 概率分数。因此，通过概率阈值能够将低置信度的领域外样本筛选出来。2018 年 Liang 等人在此基础上做了改进并提出了 ODIN 方法[39]，ODIN 使用温度缩放和输入预处理两种策略使得领域内(ID)样本和 OOD 样本的 Softmax 概率分布差异变大，使得低置信度样本更容易被筛选出来。但是上述两种方法[38-39]概率阈值是静态的，不同概率阈值对结果影响较大，无法结合不同概率分布进行动态适应性调整。此外，Kim 等人[40]还尝试联合优化领域内分类器和领域外意图检测器。Lee 等人[41]则利用马氏距离和输入预处理对领域内样本进行训练。上述方法[38-41]均需要利用 OOD 样本进行调参。2019 年 Lin 和 Xu[3]中利用深度度量学习方法挖掘深度意图特征，再利用离群点检测算法(LOF)[18]将未知意图分离，但是该方法在意图类别较多的数据集已知类意图识别性能会有所下降。

2.3.4 基于其他方法的未知意图类型检测

Brychcin 和 Kr'al 等人[51]尝试利用聚类方法对意图建模，但是聚类效果并不理想，而且不能有效利用已知意图类型作为先验知识。2017 年 Yu 等人[42]利用强化学习的方法同时产生正样本和负样本，训练分类器区分未知类别与已知类别。2018 年 Ryu 等人提出基于生成器和判别器的对抗学习方法[43]在已知类意图上进行训练，通过判别器判断未知意图，但是 Nalisnick 等人[44]发现深度生成模型无法捕捉真实世界复杂文本数据的高级语义特征，在高维离散的文本数据中表现效果往往不佳。

2.3.5 小结

通过深度神经网络进行对话未知意图检测方法，目前主要存在以下几点不足：现有方法大多都需修改模型架构才能检测未知意图，无法直接应用于现有的意图分类器，且需要利用未知意图样本用于训练或者调参，决策边界模糊，导致开放空间风险过大。与概率阈值相关的方法是静态的，不同概率阈值对结果影响较大，无法结合不同概率分布进行动态适应性调整。本书将介绍最新的对其改进的算法并展开详细的描述，其中包括基于模

型后处理的未知意图检测方法，基于大边际余弦损失函数的未知意图检测模型，基于深度度量学习的未知意图检测和基于动态约束边界的未知意图检测。

2.4　未知意图类型发现研究综述

在将未知类型的意图与已知类型的意图分离之后，人们更关注具体发现了哪些未知意图类型。研究人员通过聚类算法对用户的输入句子进行分组，希望自动找到合理的意图分类体系，并发现在训练集中从未出现过的未知意图。在本节中，将对无监督聚类、半监督聚类的未知意图类型发现方法进行全面概述。

2.4.1　基于无监督聚类的未知意图类型发现

近年来，研究人员尝试通过无监督聚类算法来发现未知意图类型。最经典的做法是先将用户语句转换成意图表示，再通过如 K-均值[45]或层次聚类算法[46]来发现未知意图。不过受限于固定的特征空间和距离度量，传统的聚类方法在高维数据中难以获得理想的聚类结果。

除了传统的聚类手段之外，Xu 等人[47]将 K-均值算法与神经网络结合，提出了 STCC 算法。通过自监督神经网络获取低维、稠密的深度意图表示向量，大幅提升了意图表示和聚类性能。但 STCC 算法无法在聚类的同时优化意图表示，性能仍有提升的空间。随着深度学习的飞速发展，研究人员开始研究如何通过神经网络同时优化簇中心分配和意图特征表示。2016 年，Xie 等人[48]提出了经典的端到端深度聚类算法 DEC。DEC 算法使用堆叠自编码器将文档压缩为稠密的意图表示向量，并通过 KL 散度损失联合优化簇中心分配与意图表示。2017 年，Yang 等人[49]在 DEC 算法的基础上进行改进，在优化簇中心分配的过程中添加重建误差作为惩罚项，从而获得更好的聚类结果。Chang 等人[50]提出了深度自适应聚类算法 DAC。DAC 算法将聚类问题转化为成对相似二分类问题，通过卷积神经网络和动态相似度阈值来判断句子对是否相似，在优化簇中心分配的同时，学习聚类友善的深度意图表示。

在无监督聚类的对话未知意图类型发现方法中，主流策略是在聚类过程中引入特征工程，充分地提取句子中的意图特征。2015 年，Hakkani-tur 等人[5]通过语义解析将句子分解为树结构图，并根据子图的出现频率和信息熵进行剪枝和合并，以获得聚类结果。2017 年，Brychcin 等人[51]使用高斯混合模型对意图文本进行聚类。2018 年，Padmasundari 等人[52]通过集成学习策略，将不同意图表示和聚类算法的结果结合，提升聚类算法的鲁棒性。Shi 等人[53]提出 AutoDial 算法，通过提取文本中的命名实体、关键字等特征，再使用层次聚类算法来发现未知意图类型。然而，上述方法皆使用静态的意图表示向量，无法有效地建模句子中的上下文信息。综上所述，目前无监督聚类的未知意图类型发现方法，仍存在以下几点不足。首先，现有的模型在获取意图表示时，无法有效地对意图的上下文语境进行建模；其次，在缺乏先验知识引导的情况下，难以获得满意的意图聚类结果。

2.4.2 基于半监督聚类的未知意图类型发现

意图的划分方式是人为主观定义的，在缺乏先验知识引导的情况下，很难获得令人满意的聚类结果。通过在聚类过程中加入先验知识约束，半监督聚类方法能够有效提升聚类性能，进而发现未知意图。在本节中，将对半监督聚类的未知意图类型发现方法进行概述介绍。

首先，对于未知意图类型发现问题重新定义如下：假设用户的输入语句都能对应到某个特定意图，给定意图集 $y_1, y_2, \cdots, y_n, y_{n+1}, \cdots, y_{n+m}$ 包含了 n 个已知意图和 m 个未知意图，如何根据 n 个已知意图来挖掘出剩下的 m 个未知意图。如图 2.6 所示，在现实生活中，对话系统通常只有少量的标注数据和大量的未标注数据，而未标注数据内同时包含了已知意图和未知意图，真正的意图数量也难以估计。其中的关键在于如何有效地利用少量标注数据来提高聚类性能，同时保持良好的泛化性能，从而发现未知意图类型。

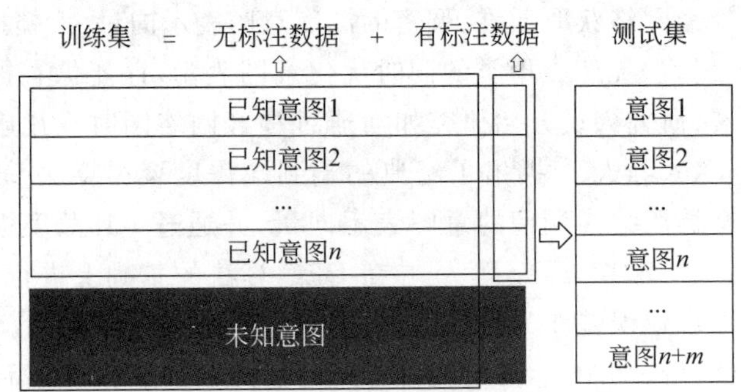

图 2.6 基于半监督聚类的未知意图类型发现

半监督聚类使用少量标注数据来辅助聚类过程，以获得更好的聚类结果。经典的做法是修改聚类算法的目标函数，使其满足成对约束。例如，Wagstaff 等人在 K-均值算法的基础上提出了 COP-KMeans[54]，在聚类目标函数上加入了样本间的 Must-Link 和 Cannot-Link 硬约束。但在真实场景中，并非所有约束都是正确的，其中可能存在错误。因此，Basu 等人提出 PCK-Means[55] 算法，在聚类的目标函数中加入软约束，通过引入惩罚项允许约束被打破，使得聚类结果更加鲁棒。

除了在聚类目标函数中加入成对约束，另一种方法是通过样本间的距离度量函数来

引入先验知识。Bilenko 等人在 PCK-Means 的基础上引入度量学习，提出 MPCK-Means 算法[56]，让目标函数在优化时不仅要满足软约束，也要同时学习距离度量函数。2016 年，Wang 等人[57]将 MPCK-Means 的想法扩展到神经网络上，除了在目标函数中加入类别样本约束，更通过卷积神经网络进行度量学习，优化距离度量函数。

除了上述所提到的成对约束和距离度量函数之外，研究人员也尝试引入各种外部监督信号作为先验知识，来指导聚类过程。2015 年，Forman 等人[58]提出基于用户交互的半监督未知意图类型发现算法，通过在聚类过程中融入用户反馈作为监督信号，以更好地发现文档中的未知意图类型。Hsu 等人[59]引入外部的相似性神经网络模型作为先验知识，将模型所学到的深度特征进行迁移，进而发现图像中的新类别。

最早的基于半监督聚类的对话未知意图类型发现方法由 Haponchyk 等人[60]于 2018 年提出，目前相关的研究仍然十分匮乏。该方法利用预先标注好的结构化输出模板作为先验知识，指导聚类过程，再通过图切割算法来发现对话中的未知意图。综上所述，通过半监督聚类的未知意图类型发现方法，目前主要存在以下几点不足。首先，外部监督信号所获取的先验知识泛化性差，容易导致模型过拟合；其次，现有算法在聚类过程中，无法联合优化簇中心分配和意图表示。

2.4.3　小结

本节对未知意图类型发现的相关研究进行了综述，并详细分析了每种方法的优缺点。未知意图类型发现的研究主要分为两类。第一类是基于无监督聚类的未知意图类型发现方法，可以直接得到具体发现的未知意图类别，不过在缺乏先验知识引导聚类过程的情况下，很难获得令人满意的聚类结果。第二类是基于半监督聚类的未知意图类型发现方法，但现有算法所采用的外部监督信号，需要对数据进行大量特征工程，不仅耗时费力，更会导致模型过拟合、泛化能力下降。针对上述意图表示和未知意图类型发现的不足之处，本书后续的章节中详细论述最新的改进型改进算法，其中包括基于自监督约束聚类的未知意图类型发现模型等。

2.5　本章小结

本章分别对意图表示、已知意图分类、未知意图检测、未知意图类型发现的相关研究进行了综述性介绍，并详细分析了每种方法的优缺点。针对上述意图表示和对话意图识别方法存在的不足，本书将探究如何有效利用深度意图表示进行对话意图发现任务，在后续的章节中将介绍学术界所研究的较为有效的两种已知意图分类方法，我们所研究的 4 种未知意图检测方法和一种未知意图类型发现方法。本书涉及的核心相关论文和方法代码均已开源在国际开源软件社区平台上(访问链接：https://github.com/thuiar)。

本书主要内容安排 本书第一篇，依次从对话意图分类、未知意图检测和未知意图发现3个层次分别系统论述智能机器人自然交互中的意图识别问题。本书的第二篇从交互意图识别最基本的问题求解方法开始讨论，分别重点介绍了基于单模型的意图分类模型和基于双模型的意图分类模型，并深入对比了不同意图分类方法的优劣。本书的第三篇，在深度意图分类的基础上，重点介绍了文本对话领域的未知意图的检测问题，进一步优化的检测算法的稳定性。本书第四篇，在未知意图检测的基础上，进一步探讨如何针对未知意图数据集的特点和学习型的特征表示，通过自监督的聚类方法实现对话未知意图类型的发现。本书第五篇在上述研究工作的基础上呈现了笔者通过开放共享的方式提供的文本对话数据的意图识别实验演示平台，为开展本领域工作的相关人员提供重要的平台支撑。

本篇小结 当前，融合了深度学习、自然语言理解、人机交互和算法等领域知识的对话意图识别方法，作为智能机器人自然交互和智能对话系统的核心关键技术，受到了学术界和工业界的重点关注。在大数据时代，综合利用当前基于数据驱动的深度学习方法实现对于人机交互意图的识别，对于设计和实现自主智能交互系统(智能客服)、智能机器人，分析互联网产品的潜在需求和痛点等方面具有潜在的应用价值。本书立足于深度学习相关的基础方法和改进算法，分别从智能对话系统概述、已知意图分类、未知意图检测、未知意图类型发现和演示实验平台5个方面，由浅入深介绍问题、分析问题，探讨解决思路，呈现研究方法，展示工具平台等，系统完整地介绍了面向智能机器人自然交互的意图识别方法和工具平台，为本技术领域推广应用提供系统完整的基础性参考。

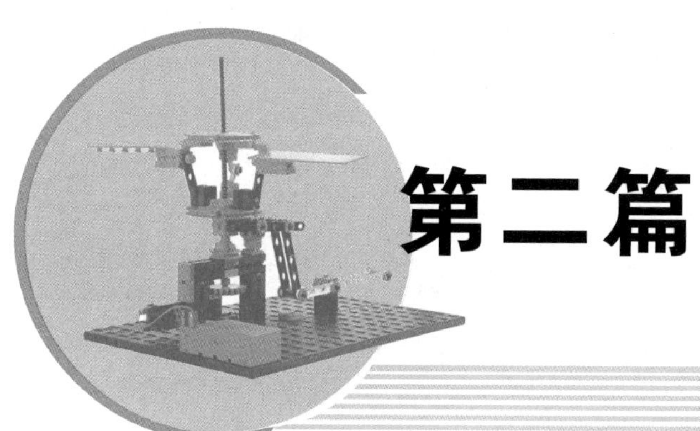

第二篇

意 图 分 类

本篇主要的研究工作分为两个方面：一方面，使用深度神经网络在两个数据集上进行实验，比较前馈神经网络、循环神经网络和门控网络模型在小数据集和大数据集上的分类结果，并且将标准的单词嵌入特征表示与基于字符的 N-gram 特征表示的分类方法进行对比性介绍；另一方面，利用基于双模型的 RNN 语义框架分析模型进行意图识别和槽位填充任务，利用两个相互关联的双向长短期记忆网络（BiLSTM），共同完成意图检测和槽位填充任务，并分析解码器对模型性能的影响。

第3章 基于单模型的意图分类

3.1 引 言

意图分类是许多自然语言理解任务和对话系统的关键预处理步骤，因为它允许将特定类型的话语分配到特定的子系统中。目前，在已有的相关研究工作中，已经探索了许多类型的神经网络(Neural Network，NN)架构，这些神经网络模型包括前馈神经网络和循环神经网络的结构。其主要目的是实现词汇的意图分类，并进一步发现未知意图。在本章中，将对两种领域的意图分类任务的神经网络模型进行更全面的介绍和比较，包括长短时记忆网络和门控循环单元网络。此外，鉴于之前的工作局限于相对较小和可控的对话数据集，因此，本章介绍基于从 Cortana 个人助理应用程序获得的大型对话数据集的测试实验比较情况。

本章首先将前馈神经网络、循环神经网络和门控网络(如 LSTM 和 GRU)相互比较。其次，本章比较了标准的单词向量模型和将单词编码为字符 n 字集的表示，以缓解超出词汇表的问题。实验结果表明，在几乎所有情况下，标准词向量优于基于字符的词表示。通过将神经网络模型的分数与 N-gram 语言模型的对数似然比进行线性组合，得到最佳分类结果。

使用深度神经网络模型的原因是由于之前基于 N-gram 的分类方法面临两个基本的问题：由于 N-gram 的时间范围有限及其稀疏性的特点，因此需要大量的训练数据来进行良好的泛化。选择建模的 N-gram 越长，稀疏性问题就越严重。为了解决数据的稀疏性，可以尝试为 N-gram 引入外部训练数据[61]，但这些方法最终受到了 N-gram 分布的领域特定特性的限制(从外部数据训练的模型通常不能通用化)。神经网络语言模型[62]能够使外部数据进行单词嵌入训练，并对模型进行改进。

然而，神经网络语言模型(Neural Network Language Models，NNLM)和标准的 N-gram 语言模型一样面临着一个问题：N-gram 有限的时间范围可能使其无法对依赖于时间上下文关系的文本内容进行有效的意图分类。基于循环神经网络(RNN)和长短时记忆(LSTM)[63]的模型在少量数据任务上确实优于标准的 N-gram 模型，但它们如何与神经网络语言模型进行比较性研究仍是一个未解决的问题。由于之前的对话意图分类任务中标准单词向量的比较并不确定，因此在大量数据环境下研究基于字符 N-gram[64] 的单词表示的分类方法是必要的。

本章的目的是比较前馈神经网络、循环神经网络和门控网络模型（如 LSTM 和 GRU 模型）在小数据集和大数据集上的分类结果，以确定哪个模型在哪个场景下工作得最好。此外，将标准的单词嵌入特征表示与基于字符的 N-gram 特征表示进行实验对比，后者有望更好地泛化语料库中不可见的单词。

3.2 不同神经网络模型的对比

3.2.1 基线系统

本节使用两种基于 N-gram 特征的分类器架构作为对比性的基线实验：第一个基线实验是一对特定类型的 N-gram 语言模型，每个模型计算一个类似然，然后将这些可能性的对数比归一化为话语长度（词的数量），以获得阈值检测得分[61]；另一个基线实验对比方法是 Boostexter 算法[65-66]，该算法的输出分数也可以作为阈值分割的检测分数。

3.2.2 基于神经网络语言模型的话语分类器

图 3.1 是文献[62]中首次提出的 NNLM 基线模型系统的体系结构。它是一种基于神经网络的语言模型，此外，也是一种传统语言模型的替代，在文献[67-68]中首次被引入。与传统语言模型不同的是，它将单词编码为 n 维向量，根据任务的不同，标准维数从 100 到 1000 不等。在话语分类中，基于两个连续的单词预测对话意图来训练 NNLM。每句话的总分计算如下：

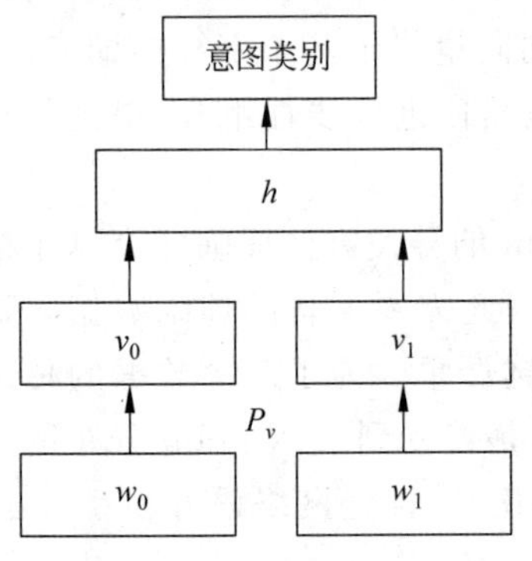

图 3.1　标准神经网络语言模型

$$
\begin{aligned}
P(L \mid \boldsymbol{w}) &\approx P(L_1, L_2, \cdots, L_n \mid \boldsymbol{w}) = \prod_{i=1}^{n} P(L_i \mid \boldsymbol{w}) \\
&\approx \prod_{i=2}^{n} P(L_i \mid w_{i-2}, w_{i-1}, h_i) \\
&= \prod_{i=1}^{n} P(L_i \mid h_i)
\end{aligned}
\tag{3-1}
$$

3.2.3　基于 RNN 的话语分类器

循环神经网络语言模型(RNNLM)[17]通过一系列隐藏单元对整个句子进行时序建模,其效果优于基于马尔可夫(有限记忆)假设的模型。与神经网络语言模型[67]类似,该模型将单词映射为一个密集的 n 维单词嵌入。隐藏状态 h_t 是以当前嵌入、前一个隐藏状态和偏置的函数。

$$h_t=\sigma(W_t h_{t-1}+v_t+b_h) \tag{3-2}$$

一般情况下,前馈语言模型中单词嵌入的最佳维数小于前馈语言模型的一半。

为适用于对话意图分类,使用对话意图类型标签训练一个 RNN 模型,如图 3.2 所示。RNN 根据 h_t 中存储的信息对对话意图进行分类。在测试时,属于一个对话意图标签的概率计算为

$$\begin{aligned}P(L \mid \boldsymbol{w}) &\approx P(L_1,L_2,\cdots,L_n \mid \boldsymbol{w})=\prod_{i=1} P(L_i \mid \boldsymbol{w}) \\ &\approx \prod_{i=1}^{n} P(L_i \mid w_i,h_{i-1})=\prod_{i=1}^{n} P(L_i \mid h_i)\end{aligned} \tag{3-3}$$

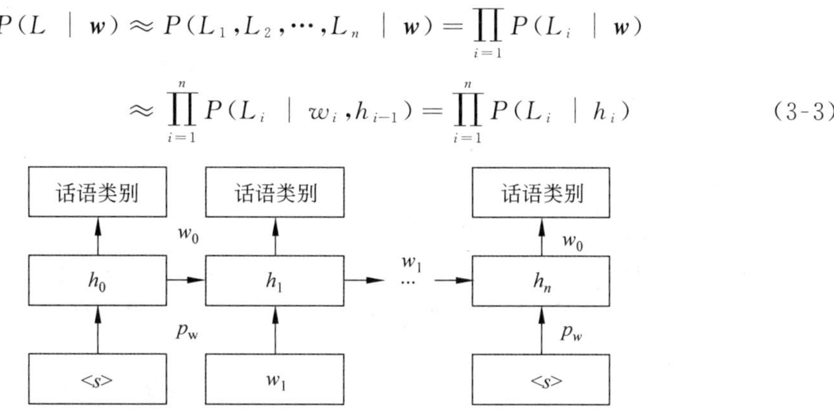

图 3.2　RNN 分类器模型

3.2.4　基于 LSTM 和 GRU 的话语分类器

在理想情况下,一个进行对话意图分类的模型应该为每个话语预测一个类别标签。在之前的实验中,RNN 模型在话语级预测单个标签的性能并不好,这可能是由于梯度消失的问题。对于这种情况尝试使用长短时记忆网络进行话语分类。

3.3　实　　验

3.3.1　数据集和评价指标

本实验的数据集采用文献[69-70]中使用的 ATIS 语料库。训练集由来自 ATIS-2

和 ATIS-3 的 A 类(上下文无关)部分的 4978 个对话,以及来自 ATIS-3 Nov93 和 Dec94 数据集的 893 个测试话语组成。语料库有 17 种不同的意图,将其映射到“飞行”与“其他”意图分类任务。输入有两种情况:一种只使用原始的文本单词;另一种称为自动标记(Auto Tagged),用短语标签(如 CITY 和 AIRLINE)替换实体,这些标签来自标记器[71]。

3.3.2 实验设置

神经网络语言模型分类器使用 500 维的单词嵌入和 1000 个隐藏单元的隐藏层,因为这样的实验室设置条件是在之前的工作和对两个数据集的实验中最优的。可能是由于单词嵌入大小的原因,早期的一些实验结果较差。RNN、LSTM 和 GRU 模型在两个语料库上都使用了一个 200 维的单词嵌入和单词哈希的数据结构。此外,LSTM 和 GRU 还包括一层 15 维的隐藏和存储单元。在不包含词嵌入的情况下,LSTM 模型比 RNN 多出约 150%的参数,而 GRU 比 RNN 使用的参数少。然而,对于大词汇量的任务,嵌入的大小超过了其他参数的数量,所以只使用最佳结果的模型结构。对于单词哈希,使用并行的三字母组合和二字母组合表示。例如,描述 cat 的集合是 # c、ca、at、t # 、# ca、cat 和 at # 。

一个训练好的系统通常使用截断的时间反向传播(BPTT)、正则化和梯度裁剪的组合。由于语料库的语言长度通常在 20 以下,发现使用梯度裁剪或截断的 BPTT 没有改善。此外,正则化及更高级的修改如 Nesterov 动量[72]的效果是微乎其微的,而简单的随机梯度下降在 Cortana 语料库上产生了较好的结果。

尽管 ATIS 数据集上的意图分类相对容易,但本项研究工作发现最终结果对初始参数很敏感,对于循环神经网络(RNN)和长短期记忆网络(LSTM)的权重服从正态分布 $\mathcal{N}(0.0,0.4)$分布,而 LSTM 门控权值除了门偏差是一个大的正值(大约 5)之外,都来自相同的分布。此外,借鉴前期工作[73]中一种有效的启发式方法,即在训练之前,计算 10 个随机种子在固定集合上的交叉熵,并从中选出交叉熵最小的那一个。

在 ATIS 数据集的实验中,初始学习率为 0.01,对于循环神经网络,动量参数为 3×10^{-4};对于 LSTM 模型,动量参数为 3×10^{-5}。验证集上的交叉熵在每个例子中减少到 0.01 以下时,学习率就会减半,并以相同的速度继续,直到达到相同的停止点。如前所述,使用 10 个不同初始化的最佳初始交叉熵。

在较大的 Cortana 数据集上,不需要动量参数。学习率参数与 ATIS 相似,除了验证集上的交叉熵改变小于 0.1%时学习率下降。由于更大的数据集包含更多的训练数据,实验结果表明,所有模型的随机初始化之间的方差都要小得多。

对于模型组合和评价,本实验使用线性逻辑回归(LLR)校准所有模型得分,并在适用

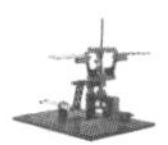

的情况下合并多个得分[74]。为了估计较小的 ATIS 数据集上的 LLR 参数，将数据集切分为 9 个大小相等的测试数据分区，依次训练除一个以外其余所有分区，并在所有分区循环。然后在整个测试集上合并得分，使用相同的错误率(EER)进行评估。

在 Cortana 数据集的实验中，开发集用于估计模型组合的 LLR 权重，然后在测试集上评估 LLR 权重，同样使用错误率进行评估。

3.3.3 实验结果

表 3.1 展示了不同神经网络结构下的 ATIS 意图分类结果。在标准和自动标记设置中，神经网络语言模型(NNLM)比所有其他模型都差，包括单词-三元组增强模型。LSTM 模型(LSTM-word、LSTM-hash)在常规设置中表现更好，而 GRU 模型(GRU-word、GRU-hash)在自动标记设置中表现更好。GRU 和 LSTM 模型的性能明显优于其他方法，从表 3.2 可以看出，两者的标准差都在一定范围内。

表 3.1　ATIS 意图分类结果

系　　统	EER/%	AutotagEER/%
Word 3-gram LM	9.37	6.05
Word 3-gram boosting	4.47	3.24
NNLM-word	6.05	4.03
RNN-word	5.26	2.45
RNN-hash	5.33	2.81
LSTM-word	2.45	1.94
LSTM-hash	2.88	2.81
GRU-word	3.24	1.58
GRU-hash	3.24	2.02

表 3.2　ATIS 意图分类详细结果

系　　统	EER/%	AutotagEER/%
平均误差		
NNLM-word	5.83±.238	4.15±.324
RNN-word	4.86±.919	3.50±.775
RNN-hash	4.32±.917	2.64±.324
LSTM-word	3.38±.986	2.22±1.01
LSTM-hash	4.05±1.13	2.64±1.02
GRU-word	4.44±1.69	3.58±1.24
GRU-hash	3.79±1.00	2.63±1.08

续表

系　　统	EER/%	AutotagEER/%
原始错误		
NNLM-word	6.05(5.61)	4.03(3.60)
RNN-word	3.95(3.95)	2.45(2.45)
RNN-hash	3.59(3.24)	2.45(2.09)
LSTM-word	2.81(2.45)	2.02(1.30)
LSTM-hash	3.24(2.88)	2.02(1.22)
GRU-word	3.24(1.70)	1.30(1.30)
GRU-hash	3.24(1.30)	2.02(2.02)

表 3.2 展示了所有模型的均值和标准差结果。到目前为止，前馈神经网络的标准差是所有结果中最低的，性能也是最差的。一般来说，门控网络比循环网络具有更高的方差。此外，在 10 个随机种子中使用最优种子交叉熵是一种合理的选择最佳随机种子的方法。

如表 3.3 所示，在更大的数据集中，结果更显著。对于 ATIS 数据集，模型从最坏到最优的相对排序为 NNLM、RNN、LSTM 和 GRU，其中 LSTM 和 GRU 的性能大致相同。此外，单词哈希和单词向量的表现差不多，两者在门控模型上表现更差，在循环模型上表现更好。保存字符 N-gram 所需的存储空间比单词向量少 1/3。

表 3.3　Cortana 域分类结果

系　　统	EER/%	ComboEER/%
Word 3-gram LM	7.37	—
Word 3-gram boosting	7.29	—
NNLM-word	9.33	7.30
RNN-word	7.99	6.80
RNN-hash	7.76	6.87
LSTM-word	6.86	6.56
LSTM-hash	7.11	6.63
GRU-word	6.78	6.46
GRU-hash	7.08	6.64

图 3.3 展示了两种 ATIS 测试条件和 Cortana 任务的检测误差权衡曲线。在大型数据集(Cortana)上，观察到非常笔直和平行的权衡曲线，这意味着不同的系统在某一种分类错误上没有特定的优点或缺点。这也意味着，系统在性能方面的相对顺序与所选择的操作点无关。

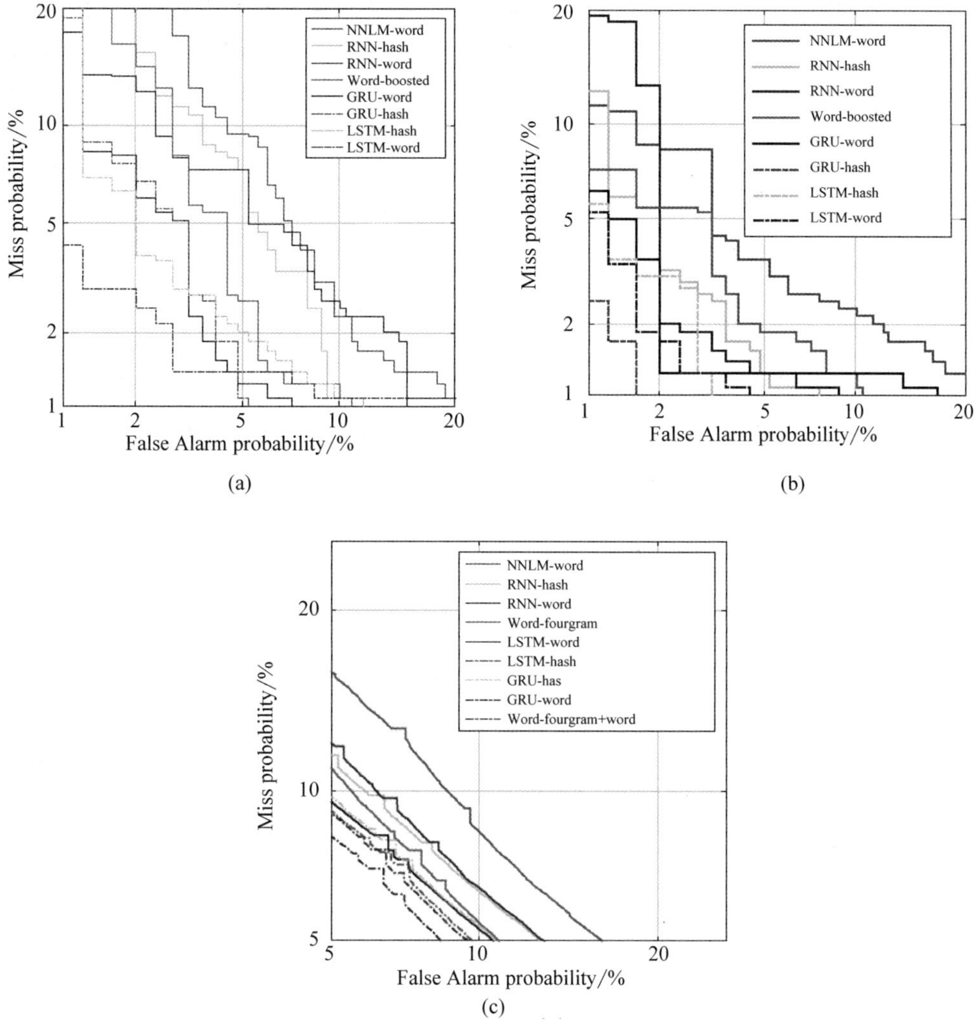

(a)

(b)

(c)

图 3.3　ATIS 数据集的 DET 曲线

3.4　本章小结

本章探究了各种神经网络架构在两种意图分类任务中的性能，使用了一个小规模语料库(ATIS)和一个大规模的现实生活数据集(Cortana)。根据分类效果性能对模型进行排序，依次如下：首先门控递归网络(GRU 和 LSTM)最好，性能大致相当；其次是普通循

环网络、前馈网络。门控单元网络的性能优于标准的 N-gram 基于语言模型的分类器或增强分类器。而 N-gram 语言模型通过逻辑回归组合可以进一步改进基于神经网络的分类模型系统。本章只考察词汇信息，以及从当前的对话语料中可以推断出什么。在今后的工作中，值得纳入非词汇信息（如韵律信息）[75]，以及在要进行意图分类的语境之前的对话语境[76]。建模方面，在单词序列[76]上加入一个卷积层是一个很有前途的模型架构。

第4章 用于意图分类和槽位填充的双 RNN 语义分析框架

4.1 引　言

近年来，对话口语理解(SLU)系统的研究发展非常迅速。其中意图分类和槽位填充是构建 SLU 系统的两大主要任务。现有多种基于深度学习的模型已经在这两大任务上取得了良好的效果。它们通常被视为两个并行任务，但相互之间可能会存在影响。其中，意图分类被视为对话内容的分类问题，可以使用传统的分类器，如回归模型、支持向量机(SVM)甚至是深度神经网络[77,79]来对其进行建模。槽位填充任务可以表述为序列标记问题，目前最流行且性能良好的用于槽位填充任务的方法是使用条件随机场(CRFs)和递归神经网络(RNN)[79]等。此外，一些工作使用了联合 RNN 模型，即通过利用序列到序列的模型[80](或编码器-解码器)同时生成两个任务的结果，此模型也取得了较好的结果。

本章要介绍一种新的基于双模型的 RNN 语义框架解析网络结构，利用两个相互关联的双向 LSTM(BiLSTM)网络，共同完成意图分类和槽位填充任务，每个任务网络都包含一个带有或不带有 LSTM 解码器的 BiLSTM[63,81]，从而达到了考虑意图分类和槽位填充任务之间的交叉影响的目的。

4.2 意图分类和槽位填充任务方法

4.2.1 基于深度神经网络的意图分类方法

基于深度神经网络的意图分类和标准的分类问题唯一的区别在于该分类器是在特定领域下训练的。例如，ATIS 数据集包含 18 个不同的意图标签，但所有的数据样本都属于航班预订领域内。基于深度神经网络的意图分类主要分为两类模型：一类是前馈模型，此类模型将每个话语中所有单词向量的平均值作为模型的输入；另一类是递归神经网络模型，此类模型将话语中的每个单词向量逐个作为模型的输入[76]。

4.2.2 基于循环神经网络的槽位填充方法

由于槽位填充任务具有多个输出，因此最直接的方法是利用 RNN 模型。基于 RNN 的模型分为两类：一类是单一 RNN 模型，该模型逐个读取每个单词，并且依次生成多个语义标签结果[82-84]。这种方法有一个约束，即生成的槽位标签数量应该与话语中的单词数量相同。另一类是双 RNN 模型，两个 RNN 模型作为输入编码器和输出解码器的编码器-解码器模型[27]。其好处在于不需要对齐的情况下，系统就能够匹配不同长度的输入话语和输出槽位标签数量。因此，该模型能够克服单一 RNN 模型的约束。除了使用 RNN，也可以使用卷积神经网络和条件随机场来实现槽位填充任务[79]。

4.2.3 两个任务的联合学习模型

此外，一些工作中使用了联合学习模型进行意图分类和槽位填充任务[25,27,85-86,26]。大致分为两类方法：一类是使用一个编码器和两个解码器构建的联合学习模型，第一个解码器用来生成顺序语义标签，第二个解码器用来生成意图；另一类是使用 RNN 与注意力方法构建的联合学习模型，从 RNN 槽位填充模型中学到隐藏状态信息，从注意力模型中生成其意图[27]。这两类方法在 ATIS 数据集上都取得了很好的效果。

4.3 用于联合语义框架解析的双模型 RNN 结构

尽管基于 RNN 序列到序列(或编码器-解码器)模型在意图分类和槽位填充任务上都取得了成功，但在大多数研究工作中都将意图分类和槽位填充当作两个独立的任务，并且都使用单一的 RNN 模型。这样很容易忽略它们之间的交叉影响。为了解决此问题，本节介绍了两种新的双模型结构，以考虑它们的交叉影响，从而进一步改进两个任务的性能。这两种新的双模型结构，其中一种结构利用了解码器结构的优势，而另一种没有。为了适应这些新的结构，设计了一种基于两个模型的成本函数的异步训练方法。图 4.1 展示了两个双模型结构。这两种结构彼此非常相似，近年来，通过利用来自多模型/多模态的信息来获得更好的性能在深度学习[87-89]、系统识别[90-92]和强化学习[93-94]等领域得到了广泛的应用。在本章内容中，介绍了一种全新的方法，通过共享多个神经网络的内部状态信息来异步训练多个神经网络。

4.3.1 带有解码器的双模型结构

图 4.1(a)所示为带有解码器的双模型结构。结构中有两个相互连接的双向 LSTM (BiLSTM)，分别用于对话系统中的意图分类和槽位填充任务。每个 BiLSTM 向前和向

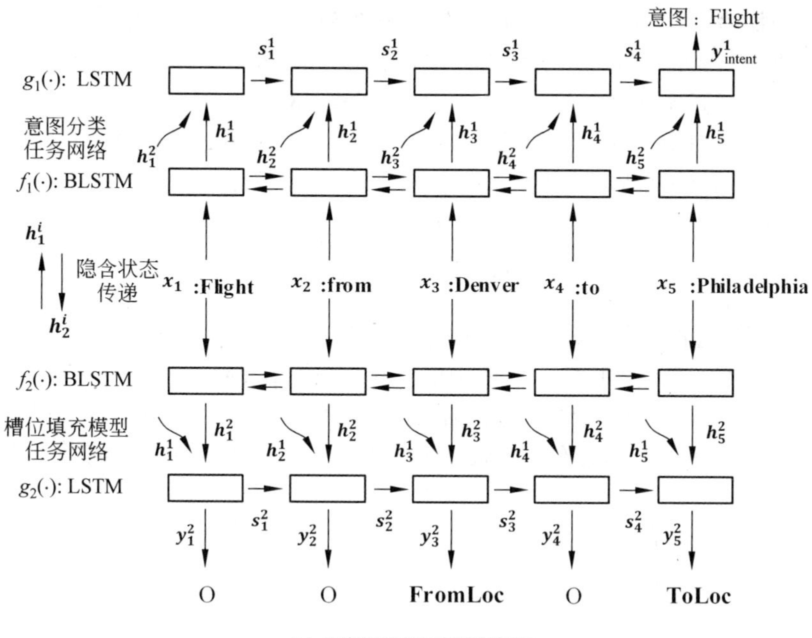

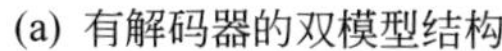

(a) 有解码器的双模型结构

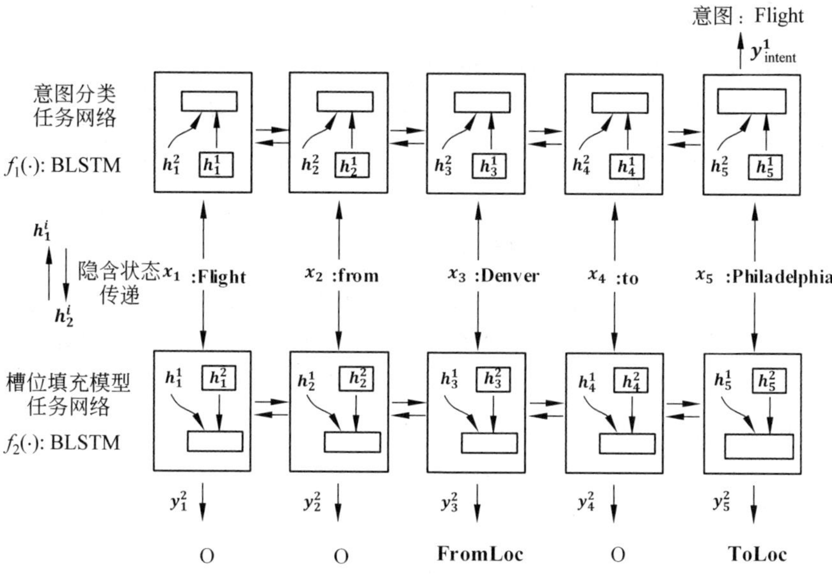

(b) 无解码器的双模型结构

图 4.1　双模型结构

后读取输入的话语序列($x_1,x_2,\cdots,x_n$),生成两个隐藏状态序列 hf_t 和 hb_t。hf_t 和 hb_t 的连接在 t 时间步形成最终的 BiLSTM 状态 $h_t=(hf_t,hb_t)$。因此,双向 LSTM $f_i(\cdot)$ 生成了一个隐藏状态序列($h_1^i,h_2^i,\cdots,h_n^i$),其中,$i=1$ 对应意图分类任务的网络,$i=2$ 对应槽位填充任务的网络。为了分类意图,将隐藏状态 h_t^1 与槽位填充任务网络中另一个双向 LSTM 模型 $f_2(\cdot)$的 h_t^2 相结合,在 t 时间步生成状态 s_t^1:

$$\begin{aligned} s_t^1 &= \phi(s_{t-1}^1,h_{n-1}^1,h_{n-1}^2) \\ y_{\text{intent}}^1 &= \underset{\hat{y}_n^1}{\operatorname{argmax}} P(\hat{y}_n^1 \mid s_{n-1}^1,h_{n-1}^1,h_{n-1}^2) \end{aligned} \tag{4-1}$$

其中,$\hat{y}_n^1$ 包含所有意图标签在最后一个时间步 n 的预测概率。

对于槽位填充任务,使用 BiLSTM 中的 $f_2(\cdot)$和 LSTM 中的 $g_2(\cdot)$构造类似的网络结构。$f_2(\cdot)$与 $f_1(\cdot)$相同,通过读入一个单词序列作为输入。不同之处在于 $g_2(\cdot)$在每个时间步 t 上都会有一个输出 y_t^2,因为这是一个序列标记问题。在每个时间步 t 都有:

$$\begin{cases} s_t^2 = \psi(h_{t-1}^2,h_{t-1}^1,s_{t-1}^2,y_{t-1}^2) \\ y_t^2 = \underset{\hat{y}_t^2}{\operatorname{argmax}} P(\hat{y}_t^2 \mid h_{t-1}^1,h_{t-1}^2,s_{t-1}^2,y_{t-1}^2) \end{cases} \tag{4-2}$$

其中,y_t^2 为 t 时间步时的预测语义标签。

4.3.2 无解码器的双模型结构

图 4.1(b)所示为无解码器的双模型结构。在这个模型中,无 LSTM 解码器。对于意图任务,在最后一个时间步 n,模型 BiLSTM 中 $f_1(\cdot)$只生成一个预测输出标签 y_{intent}^1,其中 n 为对话文本的长度。类似地,状态值 h_t^1 和输出意图标签生成如下:

$$\begin{cases} h_t^1 = \phi(h_{t-1}^1,h_{t-1}^2) \\ y_{\text{intent}}^1 = \underset{\hat{y}_n^1}{\operatorname{argmax}} P(\hat{y}_n^1 \mid h_{n-1}^1,h_{n-1}^2) \end{cases} \tag{4-3}$$

对于对话槽位填充任务,模型 BiLSTM 中 $f_2(\cdot)$的基本结构与意图分类任务 $f_1(\cdot)$的意图相似。除了在每个 t 时间步产生一个槽标签 y_t^2 外,它还生成 BiLSTM 中的 $f_1(\cdot)$和 $f_2(\cdot)$的隐藏状态,即 h_{t-1}^1 和 h_{t-1}^2,加上输出标签 y_{t-1}^2,生成其下一个状态值 h_t^2 和槽位标签 y_t^2。用数学方法表示这个函数:

$$\begin{cases} h_t^2 = \psi(h_{t-1}^2,h_{t-1}^1,y_{t-1}^2) \\ y_t^2 = \underset{\hat{y}_t^2}{\operatorname{argmax}} P(\hat{y}_t^2 \mid h_{t-1}^1,h_{t-1}^2,y_{t-1}^2) \end{cases} \tag{4-4}$$

4.3.3 异步训练

意图分类任务网络的损失函数为$\mathcal{L}_1$,槽位填充的损失函数为$\mathcal{L}_2$。$\mathcal{L}_1$和$\mathcal{L}_2$用交叉熵定

义为：

$$\mathcal{L}_1 \triangleq -\sum_{i=1}^{k} \hat{y}_{\text{intent}}^{1,i} \log\left(y_{\text{intent}}^{1,i}\right) \tag{4-5}$$

$$\mathcal{L}_2 \triangleq -\sum_{j=1}^{n}\sum_{i=1}^{m} \hat{y}_j^{2,i} \log\left(y_j^{2,i}\right) \tag{4-6}$$

其中，k 为意图标签类型的个数；m 为语义标签类型的个数；n 为单词序列中的单词个数。在每次训练迭代中，意图分类和槽位填充网络都会从前一次迭代的模型中生成一组隐藏状态 h_1 和 h_2。意图分类任务网络读取一批输入数据 x_i 和隐藏状态 h_2，并生成预测的意图标签 y_{intent}^1。意图分类任务网络基于函数$\mathcal{L}_1$计算其损失，并以此为基础进行训练。接着将同一批数据 x_i 和意图任务网络的隐藏状态 h_1 一起输入到槽位填充任务网络，并对每个时间步生成一批输出 y_i^2。然后根据损失函数$\mathcal{L}_2$计算其损失值，并在此基础上进一步训练。

使用异步训练方法的原因是，不同的任务可以保持各自独立的损失函数。这样做与仅使用一个联合模型相比有两个主要优势：首先，它通过捕获更多有用的信息并克服一个模型的结构限制，实现过滤了两个任务之间的负面影响；其次，两个任务间的交叉影响只能通过共享两种模型的隐藏状态来学习，这两种模型分别使用两种损失函数进行训练。

4.4 对比实验

4.4.1 数据集和评价指标

本节介绍了所讨论的双模型结构在两个基线数据集上训练和测试的结果，一个是包含航班预订音频记录的公共数据集 ATIS[95]，另一个是在 3 个不同领域的对话语料数据集，包含食物、家庭和电影。本文使用的 ATIS 数据集格式与文献[82-83,79,27]中相同。训练集包含 4978 组对话，测试集包含 893 组对话，共有 18 种意图类型和 127 种槽标签。此外，自收集数据集的数据数量将在相应的实验部分给出，并给出更详细的说明。使用基于意图分类任务的分类准确率和槽位填充任务的 F1 分数对性能进行评价。

4.4.2 实验设置

在双模型中，LSTM 和 BiLSTM 网络的层大小都设置为 200。根据数据集的大小，设置隐藏层的数量为 2，并且采用 Adam 进行优化[96]。单词嵌入的大小设置为 300，实验开始时随机初始化。

4.4.3 实验结果

1. ATIS 基准数据集上的性能

首先,第一个实验是在 ATIS 基准数据集上进行的,并与现有的方法进行了比较,评估了它们的意图分类准确率和槽位填充结果的 F1 分数值。

表 4.1 展示了不同模型在 ATIS 数据集上的性能比较。有些模型是为单个槽位填充任务设计的,因此只给出 F1 分数。可以观察到,新提出的双模型结构在对话意图分类和对话槽位填充任务上都优于当前最先进的结果,并且在 ATIS 数据集上,带解码器的双模型也优于没有解码器的双模型。因此,可以看出当前的双模型带解码器结构在 ATIS 基准数据集上可以取得最先进的性能,其中 F1 分数提高了 0.9%,意图准确性提高了 0.5%。

表 4.1 不同模型在 ATIS 数据集上的性能

模　　型	F1 分数	意图准确率
RNN[84]	93.96%	95.4%
循环意图和槽位标签上下文的联合模型[79]	94.47%	98.43%
具有循环槽位标签上下文的联合模型[79]	94.64%	98.21%
具有标签采样的 RNN[82]	94.89%	NA
混合 RNN[83]	95.06%	NA
RNN-EM[84]	95.25%	NA
CNN CRF[79]	95.35%	NA
编码标签深度 LSTM[97]	95.66%	NA
联合 GRU 模型(W)[86]	95.49%	98.10%
基于注意力的编码器-解码器神经网络[84]	95.87%	98.43%
基于注意力的 BiRNN[84]	95.98%	98.21%
无解码器的双模型结构	96.65%	98.76%
有解码器的双模型结构	96.89%	98.99%

值得注意的是,基于编码器-解码器模型的复杂性通常高于不使用编码器-解码器结构的模型,原因是使用两个网络,需要更新更多的参数。这也是本章介绍要使用带/不带编码器-解码器结构的两个模型来演示新双模型结构设计的原因。此外,还可以观察到,带解码器的模型由于其精巧的模型结构设计而得到了更好的结果。

从表 4.1 中还可以看出,文献[82,27]中的联合模型在意图分类任务上取得了更好的性能,但在槽位填充方面的能力略有退化,所以联合模型不一定总是对两个任务都是友好的。而本章介绍的双模型结构通过分别生成两个任务的结果克服了这一问题。

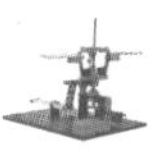

尽管在 ATIS 数据集上，意图准确率和 F1 分数的提高仅为 0.5%和 0.9%，但相对改善并不小。在意图准确率方面，测试数据集中错误分类的对话数量从 14 个降到了 9 个，意图准确率相对提高了 35.7%。同样，F1 分数值相对提高了 22.63%。

2. 在多域数据上的性能

在以下实验中，双模型结构在 3 个领域(食物、家庭和电影)的用户内部收集的数据集上进行了测试。每个领域有 3 个意图，食物领域有 15 个语义标签，家庭领域有 16 个语义标签，电影领域有 14 个语义标签。每个域的数据大小如表 4.2 所示，分割数据集为：70%用于训练，10%用于验证，20%用于测试。

表 4.2　双模型结构与基于注意力的 BiRNN 的性能比较

域	SLU 模型	大小	F1 分数	准确率
电影	基于注意力的 BiRNN	979	92.1%	92.86%
	有解码器的双模型结构	979	93.3%	94.89%
	无解码器的双模型结构	979	93.8%	95.91%
食物	基于注意力的 BiRNN	983	92.3%	98.48%
	有解码器的双模型结构	983	93.6%	98.98%
	无解码器的双模型结构	983	95.8%	99.49%
家庭	基于注意力的 BiRNN	689	96.5%	97.83%
	有解码器的双模型结构	689	97.8%	98.55%
	无解码器的双模型结构	689	98.2%	99.27%

表 4.2 显示了 3 个数据领域的性能比较。带解码器的双模型结构根据其意图分类的准确性和槽位填充 F1 分数在所有情况下取得了最佳性能。对话意图分类的准确率至少有 0.5%的提高，F1 分数在不同领域有 1%～3%的提高。

4.5 本章小结

本章介绍了一种新颖的用于对话意图分类和槽位填充任务的基于双模型的 RNN 模型架构。该双模型结构在通用基线数据集 ATIS 基准数据上取得了最先进的意图分类和槽位填充性能，并且超过了以往在多领域数据上的最佳 SLU 模型。此外，在 ATIS 和多领域数据集上，带有解码器的基于双模型结构也优于不带解码器的双模型结构。

本篇小结　近年来，对话系统中的意图分类任务的研究受到学术界和工业界的广泛

关注。本篇从基于单模型方法和基于双模型方法两个方面对当前对话系统中的意图分类方法进行了系统介绍。

首先,对于单模型方法,在第 3 章中探究了不同深度神经网络在不同数据集上的实验结果,并将标准的单词嵌入特征与基于字符的 N-gram 特征表示进行了对比。其次,常见的意图分类联合模型结合了对话意图分类和槽位填充任务,因此在第 7 章中,考虑到两个任务的交叉影响,介绍了一种新的双模型结构,从而进一步改进两个任务的性能,并探究了有无解码器对模型性能的影响。

在单模型意图分类的实验中,门控递归网络(GRU 和 LSTM)具有最高的准确度。N-gram 语言模型通过逻辑回归组合可以进一步改进基于神经网络的模型。

在双模型对话意图分类的实验中,基于编码器-解码器模型的复杂性通常高于不使用编码器-解码器结构的模型,原因是使用两个网络,需要更新更多的参数。这也是第 4 章介绍要使用带/不带编码器-解码器结构的两个模型来演示新双模型结构设计的原因。此外,还可以观察到,带解码器的模型由于其较高的复杂度而得到了更好的结果。

至此,本篇介绍了针对已知类型的对话意图分类的主流方法和实现技术。第三篇在本篇介绍的意图分类的基础上,深入一步介绍未知意图的检测方法。

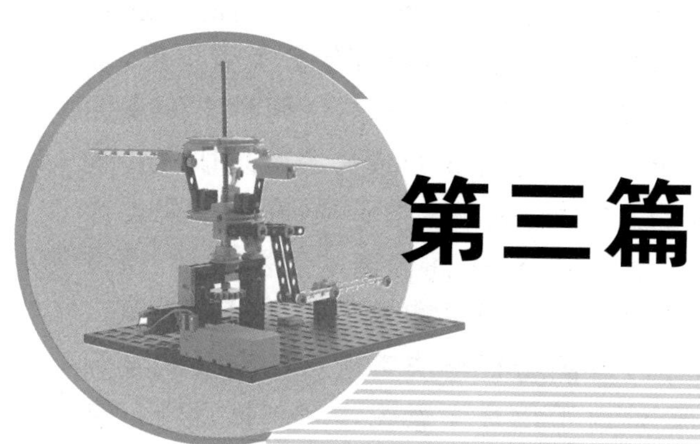

第三篇

未知意图检测

未知意图检测是指在进行意图分类的过程中,发现了不属于任何一种类型的意图,这样的意图统称为未知意图,即未知类型的意图。对于未知意图的检测本质上是一种开放的意图分类问题。未知意图检测的难点问题在于,如何实现开放意图分类中的深度特征学习表示方法,以及如何学习到最优的开放意图决策边界。针对第一个难点问题,本书深入探讨了两种未知意图检测方法。

首先,介绍了一个通用的未知意图检测后处理方法,将基于概率阈值和局部密度的未知意图检测算法结合,进行联合预测。该方法无须改变原有意图分类器的模型架构,可灵活地应用于任何深度神经网络分类器,使其具有定义动态的自适应约束边界,通过意图特征与决策边界的交互式学习使得两者均收敛到比较稳定的结果,最终对于每一类意图学习到接近特征空间分布范围的紧凑决策边界。本书将决策边界外的区域视为开放意图空间。

其次，介绍了基于深度度量学习的未知意图检测方法，利用深度神经网络提取原始特征，再结合深度度量学习方法获得类内紧凑、类间远离的深度特征，然后将意图特征表示之间的距离信息转化为有区分特征的分类置信度，最终通过置信度阈值分离未知意图。针对这一挑战问题，介绍了两种未知意图检测方法。第一种方法通过引入余弦分类和大边际余弦损失函数来取代传统的交叉熵损失数，迫使模型在学习决策边界时必须考虑边际项，在最小化类内方差的同时最大化类间方差，进而获得类内紧凑、类间分离的意图表示，通过增强已知意图在类内和类间的关系，使得未知意图更容易被检测出来。第二种方法定义动态的自适应约束边界，通过意图特征与决策边界的交互式学习使得两者均收敛到比较稳定的结果，最终对于每一类意图学习到接近特征空间分布范围的紧凑决策边界，将决策边界外的区域视为开放意图空间。

第5章 基于模型后处理的未知意图检测方法

5.1 引　　言

在本书的第一篇中详细介绍了对话未知意图发现的研究进展,发现未知意图的第一步是将已知意图与未知意图进行分离,使得分类器在正确识别已知意图的同时,也能识别超出其处理范围的未知意图样本。然而,现有方法皆需要对深度神经网络模型结构做一定的调整,才能进行未知意图检测。未知意图检测性能在很大程度上取决于分类器是否可以有效地对已知意图进行建模,而传统的分类模型(如支持向量机)对意图的高阶语义概念进行建模的能力有限,导致算法性能不佳。

为了解决上述问题,本章介绍了基于模型后处理的未知意图检测方法,该方法可使分类器模型具备未知意图检测的能力,而无须对模型结构进行任何修改,也可应用于任何深度神经网络分类器,充分利用其强大的特征提取能力来提高未知意图检测算法的性能。方法主要分为两部分:第一是通过所提出的SofterMax激活函数,对分类器输出的样本置信度进行校准,以获得合理的概率分布;第二是深度新颖检测模块,将深度神经网络学习的意图表示和基于密度的异常检测算法结合,进行检测。最后,将上述两部分所计算出的分数,通过Platt Scaling转换成概率,进行联合未知意图预测。在缺乏关于未知意图的先验知识及样本的情况下,所提出的方法仍然可以检测未知意图。

本章其余部分的安排如下。5.2节介绍基于模型后处理的未知意图检测方法(SMDN),并对其子模块进行详细描述,包括所提出的SofterMax激活函数和深度新颖检测模块;5.3节描述实验数据集、评价指标、实验结果与分析;5.4节为本章小结。

5.2 基于模型后处理的未知意图检测方法

在本节中,将对基于模型后处理的未知意图检测方法SMDN(SofterMax and Deep Novelty Detection)进行详细描述。首先,基于深度神经网络来训练一个已知意图分类器。接着，通过温度缩放[98]来校准分类器的输出置信度，并收紧经过校准的 Softmax (SofterMax)激活函数的决策边界，以更好地检测未知意图。此外，将深度神经网络学习到的意图表示输入基于密度的异常检测算法，从不同角度来检测未知意图。最后，通过 Platt Scaling[99]将 SofterMax 的置信度分数和局部异常因子的新颖分数转换为新颖概率，并进行联合预测。

5.2.1 基于深度神经网络的意图分类器

后处理方法的关键思想是：在不修改模型结构的情况下，基于现有的意图分类器来检测未知意图。如果一个样本不同于所有已知的意图，将被视为未知意图。因为是基于已知意图分类器来检测未知意图，所以分类器的性能至关重要，分类器的性能越好，未知意图检测的效果就越好。因此，必须先实现接近最佳性能的单轮和多轮对话意图分类器，并在相同分类器下比较不同未知意图检测方法的性能。

1. 基于双向长短期记忆网络的单轮意图分类器

由于长短期记忆网络只考虑由左到右的序列输入，在对句子建模时可能会丢失由右到左的序列信息。双向长短期记忆网络(BiLSTM)通过前向与后向的长短期记忆网络，同时对由左到右和由右到左的序列输入建模，很好地弥补了这点不足。如图 5.1 所示，首先使用双向长短期记忆网络来建模单轮对话的意图，并将其用于后续的未知意图检测任务。

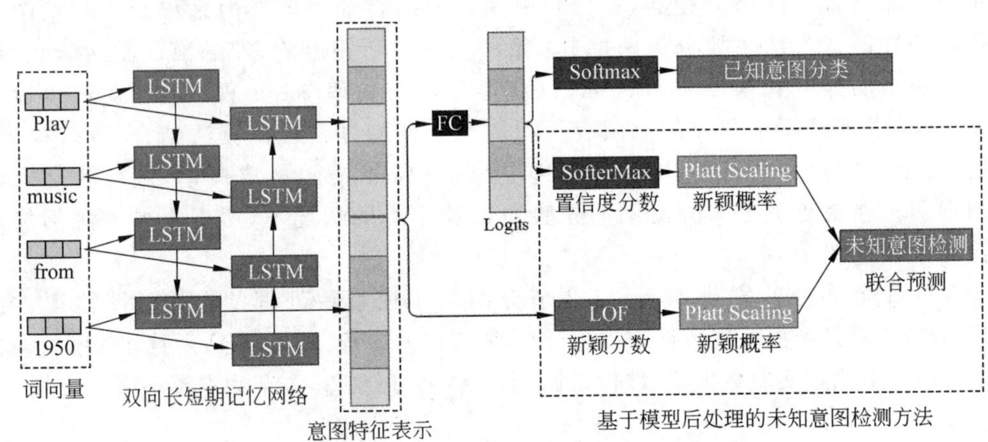

图 5.1 基于双向长短期记忆网络的单轮未知意图检测方法

给定一个输入语句及其最大序列长度 ℓ，将其单词序列 $\boldsymbol{w}_{1:\ell}$ 转换为 m 维的词向量序列 $\boldsymbol{x}_{1:\ell}$，输入到 BiLSTM 中获取意图表示 h：

$$\overrightarrow{\boldsymbol{h}_t} = \mathrm{LSTM}(x_t, \overrightarrow{c_{t-1}}) \tag{5-1}$$

$$\overleftarrow{\boldsymbol{h}_t} = \mathrm{LSTM}(x_t, \overleftarrow{c_{t+1}}) \tag{5-2}$$

$$\boldsymbol{h} = [\overrightarrow{\boldsymbol{h}_l}; \overleftarrow{\boldsymbol{h}_1}], z = \boldsymbol{Wh} + b \tag{5-3}$$

其中，$\boldsymbol{x}_t \in \mathbf{R}^m$ 表示在时间步 t 时刻输入的 m 维词向量；$\overrightarrow{\boldsymbol{h}_t}$ 和 $\overleftarrow{\boldsymbol{h}_t}$ 分别是前向和后向 LSTM 的输出隐状态；$\overrightarrow{\boldsymbol{c}_t}$ 和 $\overleftarrow{\boldsymbol{c}_t}$ 分别是前向和后向 LSTM 的细胞状态。然后将前向 LSTM 的最后一个输出隐状态 $\overrightarrow{\boldsymbol{h}_l}$ 和后向 LSTM 的第一个输出隐状态 $\overleftarrow{\boldsymbol{h}_1}$ 视为句子表示，并将其拼接为意图表示 $\boldsymbol{h}$。在通过 Softmax 激活函数之前，logits $\boldsymbol{z}$ 是全连接层的输出，输出神经元的数量等于已知类的数量。最后将 h 作为深度新颖检测的输入，并将 $\boldsymbol{z}$ 作为 SofterMax 的输入。

2. 基于层次卷积神经网络的多轮意图分类器

在建模多轮对话意图时，当前用户的意图与其上下文有很强的关联性，而层次卷积网络可以对多个句子进行卷积操作，在建模意图时考虑多个句子，很好地弥补了这点不足。通过第一个卷积神经网络对句子进行建模，再通过第二个卷积神经网络对当前句子以及其上下文进行建模，以获得带上下文的多轮意图表示。如图 5.2 所示，使用层次卷积网络来建模多轮对话意图，并将其用于后续的未知意图检测任务。

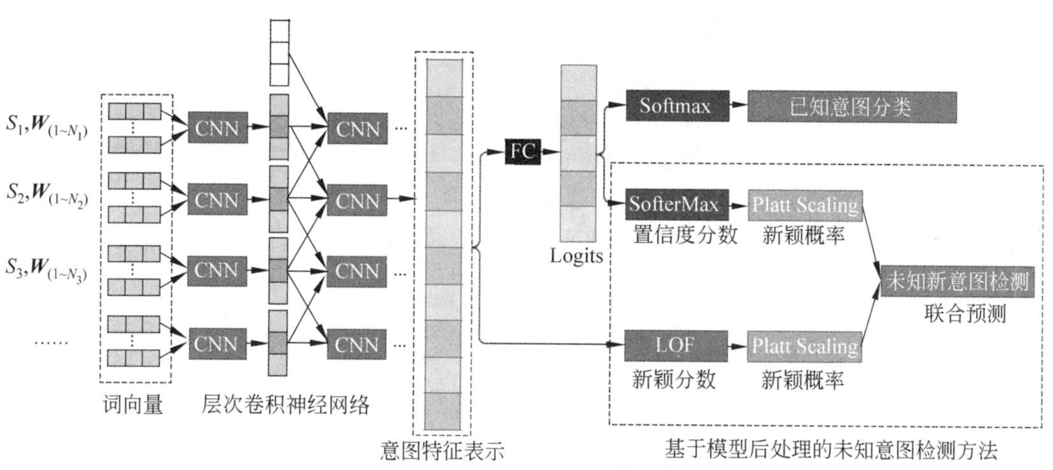

图 5.2　基于层次卷积网络的多轮未知意图检测方法

通过第一个卷积神经网络获得句子表示 $\boldsymbol{z}$ 后，即可进一步在窗口大小为 c 的句子上执行第二次卷积运算，生成目标句子带上下文的意图表示，计算过程如下所示：

$$\boldsymbol{Z} = [\boldsymbol{z}_{t-c-1}, \cdots, \boldsymbol{z}_{t-1}, \boldsymbol{z}_t, \boldsymbol{z}_{t+1}, \cdots, \boldsymbol{z}_{t+c-1}] \tag{5-4}$$

$$\boldsymbol{h}_t = \text{ReLU}(\boldsymbol{W}_f \cdot \boldsymbol{Z}_{t:t+n-1} + b_f) \tag{5-5}$$

其中，$\boldsymbol{Z} \in \mathbf{R}^{(2c-1)\times k1}$ 表示对话中第 t 个句子的带上下文窗口大小 c 的意图表示；k_1 为句子级卷积核的个数；$\boldsymbol{h}_t$ 为卷积核 $\boldsymbol{W}_f \in \mathbf{R}^{n\times k1}$ 在大小为 n 的连续窗口中执行卷积运算所产生的特征图。使用卷积核 $\boldsymbol{W}_f$ 在所有可能的句子窗口上进行卷积操作后，即可生成多个特征图 $\boldsymbol{h}$。

$$\boldsymbol{h} = [\boldsymbol{h}_{t-c-1}, \cdots, \boldsymbol{h}_{t-1}, \boldsymbol{h}_t, \boldsymbol{h}_{t+1}, \cdots, \boldsymbol{h}_{t+c-1}] \tag{5-6}$$

其中，$\boldsymbol{h} \in \mathbf{R}^{2c-1}$。通过在特征图上进行最大池化操作，即可获得卷积核 $\boldsymbol{W}_f$ 在特征图 $\boldsymbol{h}$ 上的有效特征 $\hat{\boldsymbol{h}}$：

$$\hat{\boldsymbol{h}} = \max\{\boldsymbol{h}\} \tag{5-7}$$

其中，$\hat{h}$ 是通过 W_f 学习到的标量特征。最后，通过 k_2 个上下文卷积核进行卷积运算，获得带上下文的意图表示 $\boldsymbol{r}$：

$$\boldsymbol{r} = [\hat{\boldsymbol{h}}_1, \hat{\boldsymbol{h}}_2, \cdots, \hat{\boldsymbol{h}}_{k_2}], \quad z = \boldsymbol{W}\boldsymbol{r} + b \tag{5-8}$$

其中，$\boldsymbol{r} \in \mathbf{R}^{k2}$ 代表目标句子 k_2 维的带有上下文的意图表示。Logits $\boldsymbol{z}$ 是通过 Softma$\boldsymbol{x}$ 激活函数之前的全连接层的输出，其中神经元的数量等于已知类的数量。与 BiLSTM 模型相似，将 $\boldsymbol{r}$ 作为深度新意图检测模块的输入，并将 $\boldsymbol{z}$ 作为 SofterMax 的输入。如图 5.1 和图 5.2 所示，所提出的方法可以灵活地应用于各种深度神经网络分类器。

5.2.2 SofterMax 激活函数

在意图分类器的基础上，校准 Softmax(即 SofterMax)输出的置信度以获得更合理的概率分布，并收紧 SofterMax 的决策边界以拒绝未知样本。在图 5.3 中，可以看到 Softmax 和 SofterMax 之间的区别。DOC[37] 表明，通过减少概率空间中的开放空间风险

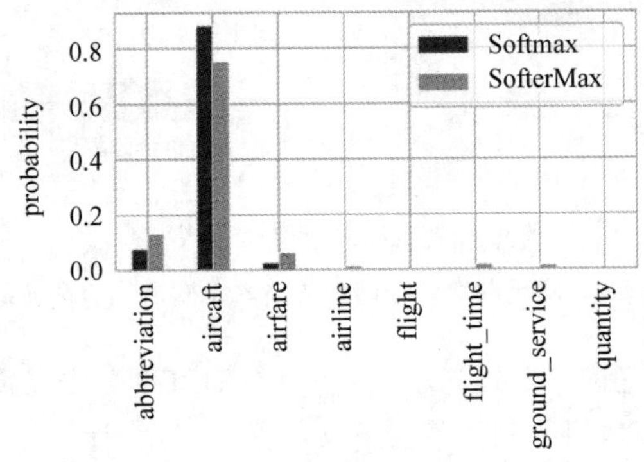

图 5.3 SofterMax 的效果示意图(与 Softmax 相比，SofterMax 输出的概率分布更为保守)

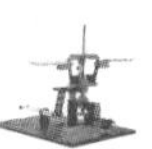

来拒绝未知类的样本是可行的。而深度神经网络分类器的 Softmax 输出概率倾向过于自信，暴露了太多的开放空间风险，将属于未知类的样本以高置信度被错误地分类为已知类，无法提供合理的后验概率分布。这是因为交叉熵损失函数在优化过程中将目标类别的预测概率最大化，并将其他类别的预测概率最小化，从而导致其他类别的输出概率接近零。这对计算决策阈值来检测未知意图的方法而言，是很不理想的性质。Hinton 等人在知识蒸馏任务中提出了温度缩放方法[98]，并将其应用于生成神经网络输出的软标签(即提高熵)。通过温度缩放来软化 Softmax 的输出，使模型的输出概率更加保守，进而降低开放空间风险，提高未知意图检测算法的性能。

1. 温度缩放

给定一个 N 分类的神经网络和输入 $\boldsymbol{x}_i$，以及网络的输出预测 $\hat{y}_i=\text{argmax}_n(\boldsymbol{z}_i)$，$\boldsymbol{z}_i$ 是网络的 logits 向量，Softmax 函数 σ_{SM} 和置信度分数 $\hat{p}_i$ 计算如下：

$$\sigma_{\text{SM}}(\boldsymbol{z}_i)=\frac{\exp(\boldsymbol{z}_i)}{\sum_{j=1}^{N}\exp(\boldsymbol{z}_i^{(j)})} \tag{5-9}$$

$$\hat{p}_i=\max_n \sigma_{\text{SM}}(\boldsymbol{z}_i) \tag{5-10}$$

通过将温度缩放应用于 Softmax 函数的概率输出后，定义 SofterMax $\hat{\sigma}_{\text{SM}}$ 和软化的置信度分数 $\hat{q}_i$ 如下：

$$\hat{\sigma}_{\text{SM}}(\boldsymbol{z}_i)=\sigma_{\text{SM}}(z_i/T) \tag{5-11}$$

$$\hat{q}_i=\max_n \hat{\sigma}_{\text{SM}}(\boldsymbol{z}_i) \tag{5-12}$$

其中，T 是温度参数。当 T 等于 1 时，σ_{SM} 是 $\hat{\sigma}_{\text{SM}}$ 的特例；当 $T>1$ 时，会产生更保守的概率分布；当 T 接近无穷大时，概率 $\hat{q}_i$ 接近 $\dfrac{1}{N}$ 并退化为均匀分布，这意味着熵达到最大值。

如何在狭窄的范围内选择合适的 T 是至关重要的[98]。温度参数 T 是一个经验性的超参数。在一般情况下，很难获得未知意图的样本，无法直接通过验证集对 T 进行调整。为了获得合适的 T，通过温度缩放[100]对模型执行概率校准，在缺乏未知意图样本的情况下，自动优化获得最佳温度参数 T。

2. 概率校准

当一个模型校准后的置信度接近其真实似然值时，认为该模型是经过良好校准的。通过温度缩放校准的输出概率，并将原始的输出置信度 $\hat{p}_i$ 转换为校准后的置信度 $\hat{q}_i$。给定标签的独热表示 t 和模型预测 y，样本的负对数似然表示如下：

$$\mathcal{L}=-\sum_{j=1}^{N}t_j\log y_j \tag{5-13}$$

通过验证集中的负对数似然，优化获得 SofterMax $\hat{\sigma}_{SM}$ 的最佳温度参数 $\hat{T}$，以实现概率校准。如图 5.3 中所示，SofterMax 对于所有类别都保持相对保守的输出概率分布。T 在训练期间被设置为 1，在测试过程中被设置为 $\hat{T}$。此外，概率校准不会影响已知意图的预测结果。

3. 决策边界

通过计算每个类 c_i 的概率阈值，进一步降低概率空间中的开放空间风险，缩紧 SofterMax 输出的决策边界。首先。计算每个类的 $p(y=c_i \mid x_j, y_j=c_i)$ 的均值 μ_i 和标准差 σ_i，其中 j 表示 j 个样本。计算每个类 c_i 的概率阈值 t_i 如下：

$$t_i = \max\{0.5, \mu_i - \alpha\sigma_i\} \tag{5-14}$$

这里直观的解释是：如果样本的输出概率分数偏离平均值的 α 个标准差，则将其视为离群值。如果样本每个类别 c_i 的 SofterMax 输出置信度皆低于概率阈值 t_i，则将该样本视为未知意图。

为了比较不同样本之间的置信度，必须为每个样本计算一个可比较的置信度分数。从校准的置信度分数中减去每个类别的概率阈值 t_i，并取其最大值作为样本的单一、可比较的置信度分数。置信度分数越低，则样本就越可能为离群值。如果置信度分数低于 0，则认为该样本属于未知意图。对于每个样本，将其多个类别的置信度分数转换为单一置信度分数如下。

$$\text{confidence}_{j,i} = p_{j,i} - t_i \tag{5-15}$$

$$\text{confidence}_j = \max_i(\text{confidence}_{j,i}) \tag{5-16}$$

由于 Softmax 是非线性变换，Softmax 经过温度缩放后的 logits 与原始 logits 为非线性相关。因此，当把相同的概率阈值方法应用于校准后的置信度分数时，即可获得不同的未知意图检测结果。SofterMax 在 Softmax 的基础上对 logits 进行温度缩放，并把输出概率减去每个类别的概率阈值，取其最大值作为置信度分数。后续将通过置信度分数来进行联合预测。

5.2.3 深度新颖检测模块

本节进一步将新颖性检测算法与深度神经网络学习的意图表示结合，以从不同角度检测未知意图。

OpenMax[36] 表明，减少特征空间中开放空间风险可以提高未知意图检测的性能。与 OpenMax 使用 logits 作为特征空间不同，将 logits 之前的隐层向量表示作为特征空间，并将其作为深度新颖检测算法的输入。由于此特征空间的维度远远大于 logits，因此其特征向量表示可包含比 logits 更多的高级语义概念。

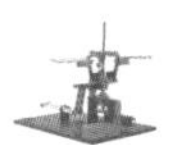

接着，通过局部异常因子(Local Outlier Factor，LOF)[18]减少特征空间中的开放空间风险并发现未知意图。LOF 是一个基于密度的异常检测方法，通过计算局部密度来检测局部上下文中的未知意图。局部异常因子的计算如下。

$$\mathrm{LOF}_k(\boldsymbol{A})=\frac{\sum\limits_{\boldsymbol{B}\in N_k(\boldsymbol{A})}\frac{\mathrm{lrd}(\boldsymbol{B})}{\mathrm{lrd}(\boldsymbol{A})}}{|N_k(\boldsymbol{A})|} \tag{5-17}$$

其中，$N_k(\boldsymbol{A})$表示 k 个最近邻的集合；lrd 为局部可达性密度，定义如下：

$$\mathrm{lrd}_k(\boldsymbol{A})=1\Bigg/\left(\frac{\sum\limits_{\boldsymbol{B}\in N_k(\boldsymbol{A})}\mathrm{reachdist}_k(\boldsymbol{A},\boldsymbol{B})}{|N_k(\boldsymbol{A})|}\right) \tag{5-18}$$

lrd 为目标 $\boldsymbol{A}$ 及其邻居之间可达距离的平均倒数。可达距离 $\mathrm{reachdist}_k(\boldsymbol{A},\boldsymbol{B})$的定义如下：

$$\mathrm{reachdist}_k(\boldsymbol{A},\boldsymbol{B})=\max\{k-\mathrm{distance}(\boldsymbol{B}),d(\boldsymbol{A},\boldsymbol{B})\} \tag{5-19}$$

其中，$d(\boldsymbol{A},\boldsymbol{B})$表示 $\boldsymbol{A}$ 和 $\boldsymbol{B}$ 之间的距离；k-distance 表示对象 $\boldsymbol{A}$ 到 k 个最近邻居的距离。如果样本的局部密度显著低于其 k 最近邻居的局部密度，则该样本更有可能被视为未知意图。然后将 LOF 分数视为新颖分数。新颖分数越高，则该样本越有可能属于未知意图。

5.2.4　Platt Scaling 联合预测

最后，将 SofterMax 的结果与深度新颖性检测算法结合，进行联合预测。由于 Softmax 计算的置信度分数和 LOF 的新颖分数的度量方式不同，无法直接合并，因此，使用 Platt Scaling[99]将分数统一转换为 0～1 的概率，以进行联合预测。

Platt Scaling 最初应用于支持向量机，目的是将样本到决策边界的距离转换为分类概率。Platt Scaling 通过逻辑回归模型来将分数映射为概率，计算过程如下：

$$P(y=1\mid \boldsymbol{x})=\frac{1}{1+\exp(\boldsymbol{A}f(\boldsymbol{x})+\boldsymbol{B})} \tag{5-20}$$

其中，$f(\boldsymbol{x})$表示分数。$\boldsymbol{A}$ 和 $\boldsymbol{B}$ 是通过算法学习的参数。Platt Scaling 的做法是：让决策边界附近的样本有 50%的概率被视为未知意图，并将剩余样本的分数缩放为介于 0～1 的概率。通过该方法归一化后，可以在相同的度量标准下估计 SofterMax 和 LOF 的新颖程度，从而进行联合预测。这种方法可以视为简单平均的集成学习策略，通过两种不同模型的视角进行检测，降低预测方差的同时提升算法的鲁棒性。

5.3 实　验

实验分为 3 个部分介绍，包括任务与数据集、实验设置以及实验结果与分析。

5.3.1 任务与数据集

本章解决的任务是未知意图检测，目标是在正确识别出 n 类已知意图的同时，检测出不属于任何已知意图的未知意图样本。因此，将任务定义为 $n+1$ 分类，其中第 $n+1$ 类即为未知意图。为了研究该方法的鲁棒性和有效性，在 SNIPS、ATIS[95] 和 SwDA[101] 3 个公开的对话数据集上对其实验验证。表 5.1 是 SNIPS、ATIS 和 SwDA 数据集的统计信息。

表 5.1　SNIPS、ATIS 和 SwDA 数据集的统计信息

数据集	类别数	词表大小	训练集	验证集	测试集	轮次	数据分布
SNIPS	7	11 971	13 084	700	700	单轮	均衡
ATIS	18	938	4 978	500	893	单轮	不均衡
SwDA	42	21 812	162 862	20 784	20 146	多轮	不均衡

SNIPS 首先在 SNIPS 个人语音助手数据集上实验。该数据集包含 7 种不同领域的用户意图，例如播放音乐、询问天气、预订餐厅等，总共有 13 084 条训练数据、700 条验证数据和 700 条测试数据。每个类别中的样本数量相对均衡。

ATIS(Airline Travel Information System)航空公司旅行信息系统是对话意图研究中最经典的数据集，包含 18 种航空领域的用户意图，总共有 4978 条训练数据、500 条验证数据和 893 条测试数据。ATIS 中的类别高度不均衡，其中前 25%的类别占了训练集数据 93.7%的样本。

SwDA(Switchboard Dialog Act Corpus)是最经典的多轮对话数据集，包含 1155 条两人电话交谈记录，每组聊天内容皆围绕着特定主题，共有 42 种对话动作。用户意图可视为抽象版的对话动作，在这种情况下，需要验证现有的未知意图检测方法是否仍然有效。原始 SwDA 数据集并没有将其切分为训练、验证和测试集，遵循先前研究中[102]建议的数据切分方案，随机抽取 80%的对话数据作为训练集，10%的对话数据作为验证集，10%的对话数据作为测试集，总共有 162 862 条训练数据、20 784 条验证数据和 20 146 条测试数据，每组对话平均包含 176 个句子。此外，SwDA 中的类别高度不平衡，其中前 25%的类别约占 90.9%的训练集。

5.3.2　实验设置

本节将对实验设置进行详细介绍，包括基线方法、评价指标和模型超参数设定。采用与先前研究[31,37]相同的交叉验证设置，将数据集中的部分类别设置为未知意图，被视为未知意图的样本将不会参与模型训练，并将从训练和验证集中删除。将训练集内的25%、50%和 75%的类别设置为已知意图，并使用所有类别进行测试。使用 100%类别即为常规的意图分类任务。

为了证明该方法的分类器架构可以很好地对意图建模，在表 5.2 中报告了使用 100%类别进行训练的分类结果，并与在该数据集上性能表现最优的模型进行比较。实验表明，该方法实现了接近最佳性能的对话意图分类器。后续实验将以这些意图分类器为基础，进行未知意图检测任务。

表 5.2　在所有类别都已知情况下的分类器性能　　%

数据集	模型	原始准确率	复现准确率	Macro-F1
SNIPS	BiLSTM	97	97.43	97.47
ATIS	BiLSTM[28]	98.99	98.66	93.99
SwDA	层次 CNN[102]	78.45	77.44	50.09

此外，为了在类别不均衡的数据集上进行公平的评估，实验时使用加权随机不放回抽样法，来随机选择每次实验的已知意图。如果类别拥有更多样本，则更有可能被选为已知类别，而样本较少的类别仍然有机会以一定的概率被选中，其他未被选中的类别将被视为未知意图。最终报告所有实验运行 10 次的平均结果。

1. 基线方法

本章将所介绍的方法与其他的未知意图检测方法进行比较，包含了简单阈值、最先进的方法以及其变体方法。

1) Softmax($t=0.5$)

在 Softmax 输出上设置概率阈值作为最简单的基线方法，并将概率阈值设置为 0.5。如果样本在每个类别的输出概率皆不超过 0.5，则将该样本视为未知意图。

2) DOC[37]

DOC 是目前在此类问题上效果最好的方法，通过把输出层激活函数设置为 Sigmoid，再利用统计方法来计算每个类别的概率阈值，进一步缩紧其决策边界。如果样本在每个类别的输出概率皆不超过其概率阈值，则将该样本视为未知意图。

3) DOC(Softmax)

DOC 的变体方法，用 Softmax 代替了 Sigmoid 激活函数。在相同意图分类器下，对所有检测方法进行评估,以示公平。

2. 评价指标

使用 Macro-F1 作为评价指标,并对所有意图、已知意图和未知意图的分类结果进行评估。主要关注于未知意图检测的结果。给定一组类别 $C=\{C_1, C_2, \cdots, C_N,\}$,Macro-F1 分数计算如下:

$$\text{Macro-F1}=2\,\frac{\text{recall}\times\text{precision}}{\text{recall}+\text{precision}} \tag{5-21}$$

$$\text{precision}=\frac{\sum_{i=1}^{N}\text{precision}_{C_i}}{N},\ \text{recall}=\frac{\sum_{i=1}^{N}\text{recall}_{C_i}}{N} \tag{5-22}$$

$$\text{precision}_{C_i}=\frac{\text{TP}_{C_i}}{\text{TP}_{C_i}+\text{FP}_{C_i}},\ \text{recall}_{C_i}=\frac{\text{TP}_{C_i}}{\text{TP}_{C_i}+\text{FN}_{C_i}} \tag{5-23}$$

其中,C_1 代表类别 C 中的单个类别;Macro-F1 指标计算每个类别的精确率和召回率的调和平均数,其物理意义是对模型在精确率和召回率之间的最优平衡点,当模型的精确率和召回率越高,则 Macro-F1 越高。

对于概率校准,使用期望校准误差[103](ECE)来评估温度缩放的有效性。主要思想是将置信度输出划分为大小相等的间隔 K 个箱子,并计算这些箱子的置信度和准确率之间差异的加权平均值。ECE 计算如下:

$$\text{ECE}=\sum_{i=1}^{K}P_{(i)} * \mid o_i - e_i \mid \tag{5-24}$$

其中,$P_{(i)}$ 表示落入第 i 箱的所有样本的经验概率;o_i 代表第 i 箱中正样本的占比(准确率);e_i 是第 i 箱的平均校准后置信度。ECE 越低,代表模型校准得越好。

3. 超参数设置

使用 GloVe[14] 预训练词向量(包含 40 万个词,输出向量维度为 300 维)来初始化分类器的嵌入层,并在训练中通过反向传播进一步优化。对于 BiLSTM 模型,将隐状态输出维度设置为 128,dropout 率设置为 0.5。对于层次 CNN 模型中的句子 CNN 和上下文 CNN,将其上下文窗口大小设置为 3,内核大小设置为 1 到 3,卷积核特征图数量设置为 100。使用学习率为 0.001 的 Adam 优化器。对于 SNIPS 和 ATIS,最大训练迭代次数为 30 次;对于 SwDA,最大训练迭代次数为 100 次。对于 SNIPS 和 ATIS,将批处理大小设置为 128;对于 SwDA,将批处理大小设置为 256。将 ATIS、SNIPS 和 SwDA 的最大输入序列长度分别设置为 35、46 和 58。本章使用 Keras 框架实现所有的模型。

5.3.3　实现结果与分析

在本节中，将评估未知意图检测在单轮和多轮对话数据集上的性能。结果如表 5.3 所示。为了研究不同的检测方法对分类器的影响，进一步探讨算法在已知意图和整体分类上的性能表现，结果如图 5.4～图 5.6 所示，其中 x 轴表示被视为已知意图的类的不同比例，y 轴表示 Macro-F1 分数，图中的黑色线代表 95%置信度。其中，图 5.4～图 5.6 在未知类别上的 Macro-F1 分数，是基于表 5.3 实验结果的横向对比分析。

表 5.3　在 SNIPS、ATIS 和 SwDA 数据集上的未知意图检测 Macro-F1 分数　　%

已知意图	SNIPS 25%	SNIPS 50%	SNIPS 75%	ATIS 25%	ATIS 50%	ATIS 75%	SwDA 25%	SwDA 50%	SwDA 75%
Softmax(t=0.5)	—	6.15	8.32	8.14	15.3	17.2	19.3	18.4	8.36
DOC	72.5	67.9	63.9	61.6	63.8	37.7	25.4	19.6	7.63
DOC(Softmax)	72.8	65.7	61.8	63.6	63.3	39.7	23.6	18.9	7.67
SofterMax	78.8	70.5	67.2	67.2	65.5	40.7	28.0	20.7	7.51
LOF	76.0	69.4	65.8	67.3	61.8	38.9	21.1	12.7	4.50
SMDN	79.8*	73.0**	71.0**	71.1*	66.6	41.7	20.8	18.4	8.44

* 和最佳基线方法相比，具有统计学意义的显著差异($p<0.05$)；

** 和最佳基线方法相比，具有统计学意义的显著差异($p<0.01$)。

1. 单轮对话的未知意图检测

首先，在单轮对话数据集 SNIPS 和 ATIS 上评估未知意图检测的结果，如表 5.3 所示。相比之下，本章所介绍的 SMDN 方法明显优于 SNIPS 和 ATIS 数据集中的所有其他方法。与性能最佳的基线方法相比，SMDN 方法在 SNIPS 数据集的 25%设置中提高了 7.3%，在 50%设置中提高了 5.1%，在 75%设置中提高了 7.21%。同时，SofterMax 方法在所有数据集上的性能皆优于其他基线方法。LOF 的性能也优于 SNIPS 和 ATIS 数据集中的基线方法。

对于 Softmax($t=0.5$)方法来说，它在 SNIPS 和 ATIS 的性能皆不佳。DOC 和 DOC(Softmax)方法的结果之间没有显著差异，这暗示了 DOC 的关键在基于统计的置信度阈值，而不是基于 Sigmoid 所构造的 1-vs-rest 层。当已知意图的数量增加时，图 5.4 和图 5.5 中的误差线间距变小、方差降低，这代表所得到的预测结果变得更加鲁棒可靠。在图 5.4 和图 5.5 中，进一步评估整体的意图分类性能。如图 5.6 所示，所提出的 SofterMax 和 SMDN 方法不仅在未知意图检测上拥有优越性能，也能提升整体分类性能。

2. 多轮对话的未知意图检测

在单轮对话数据集上验证所提出方法的有效性之后，进一步在多轮对话数据集 SwDA

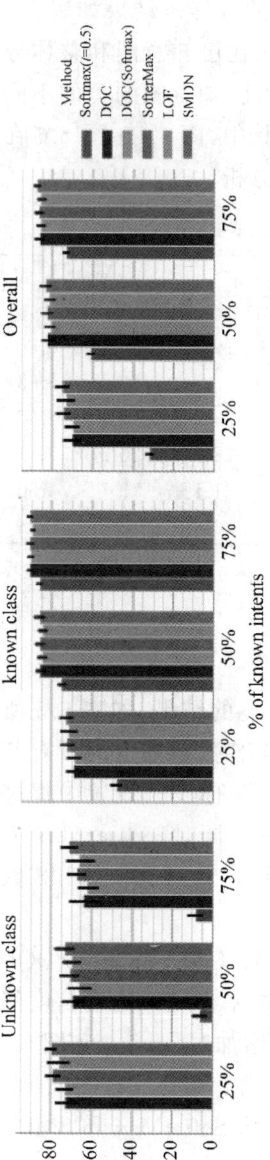

图 5.4 在 SNIPS 数据集上进行未知意图检测的 Macro-F1 分数

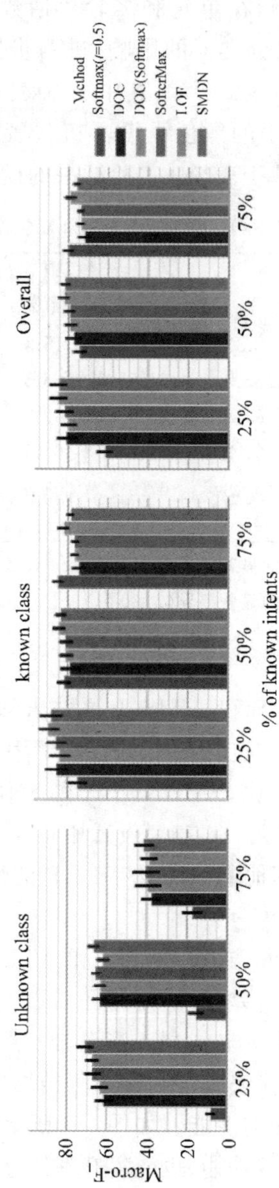

图 5.5 在 ATIS 数据集上进行未知意图检测的 Macro-F1 分数

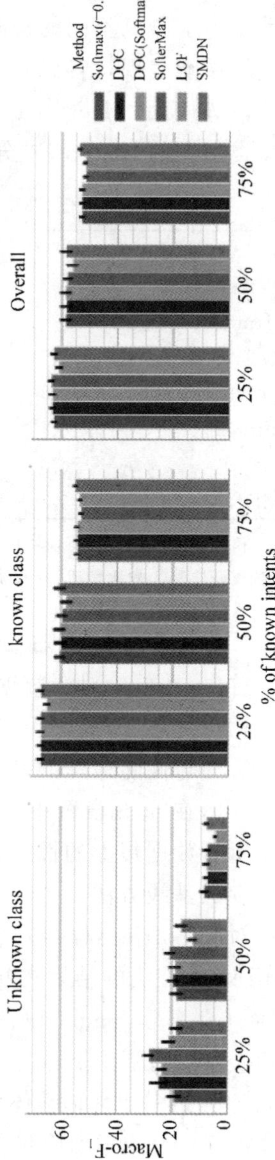

图 5.6 在 SwDA 数据集上进行未知意图检测的 Macro-F1 分数

上评估未知意图检测的结果。在表 5.3 中可以看到，在 25%和 50%设置中，SofterMax 方法的性能始终比所有基准方法更好，而在 75%的设置中，SMDN 方法表现出更好的性能。如图 5.6 所示，Softmax 方法在提升未知意图检测性能的同时，不会降低整体分类性能。

表 5.4 中报告了温度参数和 ECE，用于评估概率校准的性能。其中，ECE 越低代表概率校准得越好，当 ECE 低于 1%则表示模型已正确校准。通过概率校准自动学习的温度参数，数值大多介于 1.2～1.5。经过概率校准后，SNIPS 和 ATIS 数据集中的 ECE 都没有太大变化，SwDA 数据集中的 ECE 降低了 3%～4%。因为无法将未知意图检测和已知意图分类的概率进行合并与归一化，所以在测试集上无法计算 ECE。请注意，验证集在计算 ECE 时并不包含任何未知意图，只能用于评估模型对于已知类别的概率校准程度。

然后进一步通过混淆矩阵对实验结果进行可视化分析，以证明 SMDN 方法的有效性。如图 5.7 和图 5.8 所示，对角线上的数字代表有多少个样本被正确分类为相应的类别，数字越大，颜色越深。实验结果表明，分类结果大多位于对角线上。不管是在单轮还是多轮场景下，所介绍的方法都可以有效地检测出未知意图。

表 5.4　模型的预期校准误差(ECE)

	SNIPS			ATIS			SwDA		
已知意图	25%	50%	75%	25%	50%	75%	25%	50%	75%
ECE(未校准)	0.01%	0.11%	0.1%	0.01%	0.5%	0.7%	5.2%	5.9%	7.4%
ECE(温度校准)	0.1%	0.16%	0.1%	0.04%	0.6%	0.8%	2.6%	2.5%	2.8%
平均温度	1.44	1.48	1.28	1.49	1.34	1.36	1.34	1.27	1.33

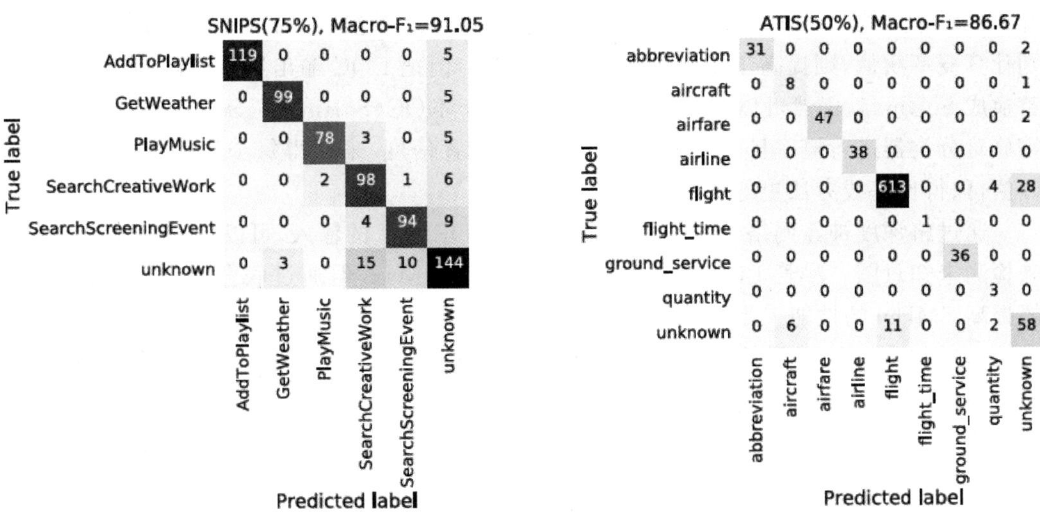

图 5.7　SMDN 方法检测单轮对话未知意图的混淆矩阵结果

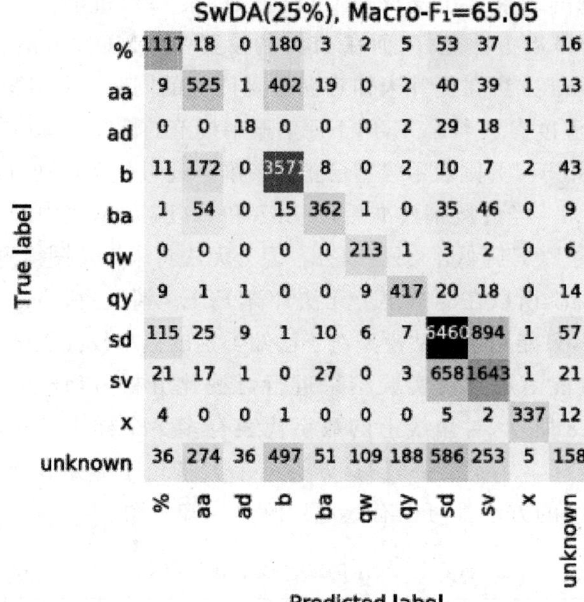

图 5.8　SMDN 方法检测多轮对话未知意图的混淆矩阵结果

3. 讨论

从表 5.3 的实验结果可以看出，仅将 Softmax 输出的概率阈值设置为 0.5 并不能很好地检测未知意图。而 DOC 方法把输出层的激活函数替换为 Sigmoid，并对每个已知类别计算概率阈值，则提高了未知意图检测的性能。但把 DOC 输出层激活函数从 Sigmoid 替换成 Softmax，仍然可以获得相似的性能。基于 DOC（Softmax），SofterMax 通过温度缩放对分类器进行概率校准。通过校准分类器的置信度，来获得每个类别更合理的概率阈值，取得比基线方法更好的性能。

通过将深度神经网络学习的特征表示作为 LOF 算法的输入，可以进一步从不同角度来检测未知意图。尽管 LOF 的整体性能不如 SofterMax，但通过联合预测，仍然可以大幅提高 SMDN 的性能。当已知意图的数量增加时，几乎所有方法的性能都会下降。以 SNIPS 数据集上的结果为例，当已知意图的比例从 25％增至 75％时，SMDN 方法的 Macro-F1 分数从 0.798 降低至 0.71。原因是当存在更多已知意图时，样本更容易被预测为已知意图。尤其是在 ATIS 和 SwDA 等不平衡的数据集中，它们的性能下降幅度更大。

还可以观察到在 SwDA 数据集上的实验结果，比 SNIPS 和 ATIS 数据集更差。这可

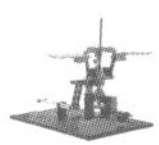

能是由于 SwDA 本身的数据质量所导致。研究[104]指出 SwDA 的标签间一致性(准确性)仅为 0.84。带噪声的标签会使分类器难以建模复杂的对话意图,进而导致未知意图检测性能下降。相较于基础分类器在 SNIPS 和 ATIS 上分别达到 0.974 和 0.986 的准确率,在 SwDA 上却只有 0.774 的准确率。尽管如此,与基线方法相比,该方法仍在 SwDA 数据集上取得了一定的改进。

最后,图 5.9 和图 5.10 是对 SofterMax 置信度分数和 LOF 新颖分数的分布的可视化分析。图 5.11 和图 5.12 中显示了 SofterMax、LOF 和 SMDN 的新颖概率分布。把 y 轴转化为对数尺度,以获得更好的可视化效果。绿色和红色柱子(见彩插)分别代表已知和未知样本的分数分布。垂直虚线表示未知意图检测的决策阈值。如果样本的 SofterMax 置信度分数低于决策阈值,则将其视为未知意图。如果样本的 LOF 新颖分数高于决策阈值,则将其视为未知意图。如图 5.9 和图 5.10 所示,SofterMax 和 LOF 的决策阈值可以有效地分离未知意图与已知意图。

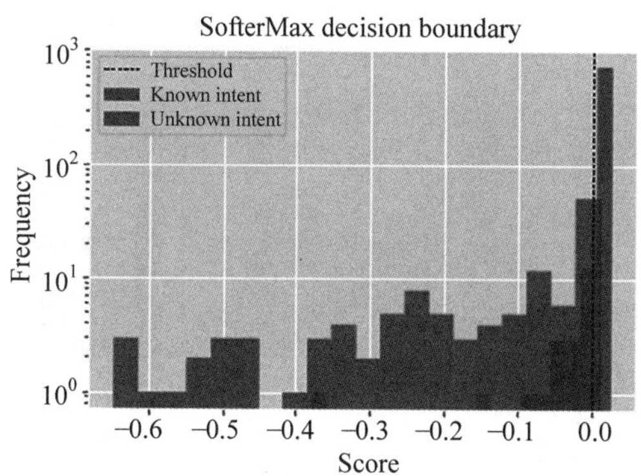

图 5.9　SofterMax 的置信度分数分布

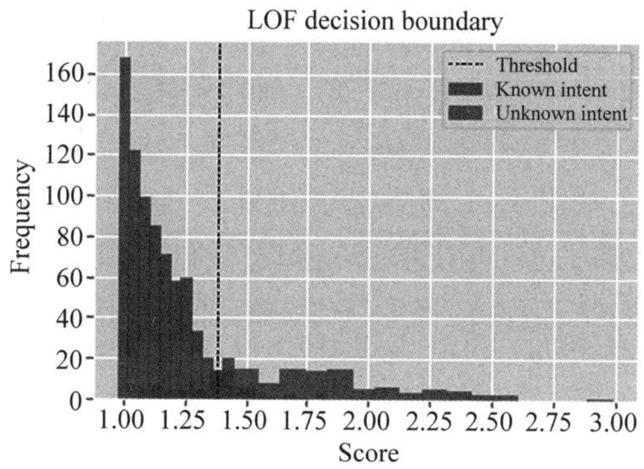

图 5.10　LOF 的新颖分数分布

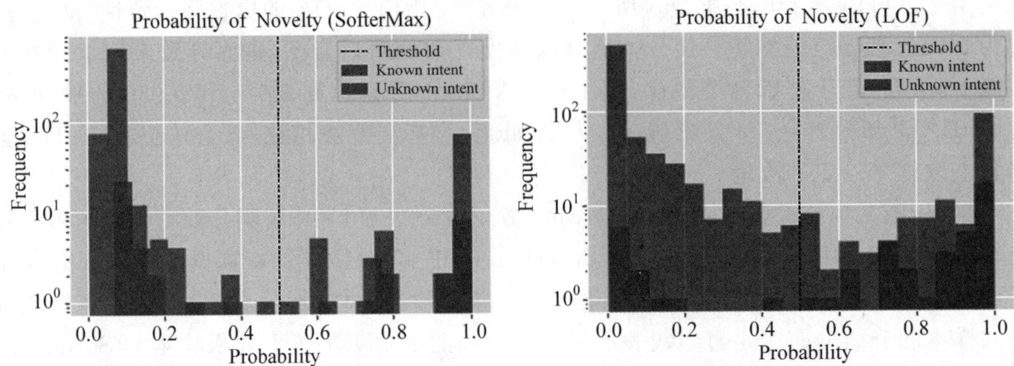

图 5.11 SofterMax 和 LOF 经过 Platt Scaling 后的新颖概率分布

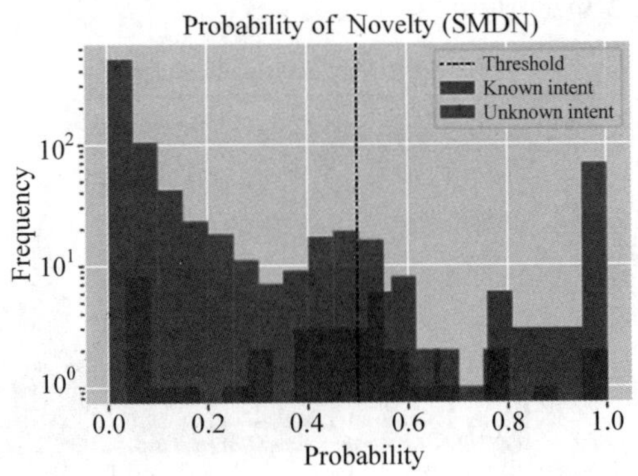

图 5.12 SMDN 经过 Platt Scaling 后的新颖概率分布

在图 5.11 和图 5.12 的新颖概率分布中，所有分数都被转换为介于从 0 到 1 的概率。如果样本的新颖概率大于 0.5，则将其视为未知意图。注意，在图 5.10 的 SofterMax 中，每个类别的概率阈值仅用于计算置信度分数。而根据置信度分数计算 SofterMax 的新颖概率，已经将每类概率阈值的影响考虑在内。和常规的二进制分类任务一样，使用 0.5 作为联合预测的概率阈值。从图 5.11 和图 5.12 可以看到，SofterMax 将某些未知意图的样本错误地视为已知意图，而 LOF 将某些已知意图的样本错误地视为未知意图。进行联合预测后，未知意图和已知意图的新颖概率分布得更加分离，从而显著提高了未知意图检测的性能。

5.4　本章小结

本章介绍了一种简单而有效的后处理方法 SMDN，用于检测对话系统中的未知意图。SMDN 可以轻松地应用于任何深度神经网络分类器，并且无须更改模型架构。本章还介绍了 SofterMax 方法，通过温度缩放来校准 Softmax 输出的置信度，以减少概率空间中的开放空间风险，并获得用于检测未知意图的校准决策阈值。通过结合异常检测算法 LOF 和深度神经网络所学习的意图特征表示，从不同角度进一步检测未知意图。最后，将 SofterMax 的置信度得分和 LOF 的新颖性得分转换为新颖性概率，进行联合预测。

在 3 个公开的基准数据集上进行了详尽的实验，包括两个单轮和一个多轮对话数据集。实验结果表明，不论是在单轮或者多轮的场景，所介绍的方法与最先进的方法相比，在性能上皆有显著提升。同时，该方法也对样本的置信度分数、新颖分数和新颖概率进行了详尽的分析，进一步验证了所提出方法的有效性。

第 6 章　基于深度度量学习的对话意图发现

6.1　引　　言

本章将详细介绍基于深度度量学习的对话意图发现模型。在未知意图样本匮乏的情况下，利用已知意图作为先验知识泛化到区分未知意图的能力极具挑战性。为了解决上述问题，基于深度度量学习方法提出了一种端到端的对话意图发现模型，该模型能够利用深度度量学习方法挖掘深层意图特征之间的关系，利用已知意图作为先验知识捕捉用于分离未知意图的相关距离信息，并将距离信息转化为有区分特点的分类置信度，通过阈值区分低置信度未知意图。

本章后续部分安排如下：首先，在 6.2 节介绍基于深度度量学习的对话意图发现模型的框架结构；然后，对该模型的每个子模块分别进行阐述。6.3 节介绍元特征表示。6.4 节介绍用于获得分类概率的余弦分类器。6.5 节介绍获得深度意图特征的深度度量学习方法。6.6 节介绍训练和预测方法。6.7 节对实验结果进行分析。6.8 节为本章小结。

6.2　模型的框架结构

本节介绍基于深度度量学习的对话意图发现模型的框架结构。如图 6.1 所示，该模型主要分为 4 个部分：元特征表示、余弦分类器、深度度量学习、训练及预测。首先，利用预训练 BERT 语言模型的最后一层输出做平均池化操作，计算用于表示意图的原始特征向量。对于已知意图每类全部数据计算平均值作为簇中心向量，再计算与簇中心向量的欧几里得距离并将距离信息融入原始特征表示得到元特征表示。其次，利用余弦分类器将蕴含距离信息的元特征表示转化为具有鉴别性特征的分类概率。再次，元特征表示通过深度度量学习获得类内靠近、类间远离的深度特征表示。最后，将交叉熵损失和不同度量损失结合进行联合训练，将预测概率低于阈值的意图划分为未知意图，其余按照最大分类概率所在类别进行分类。

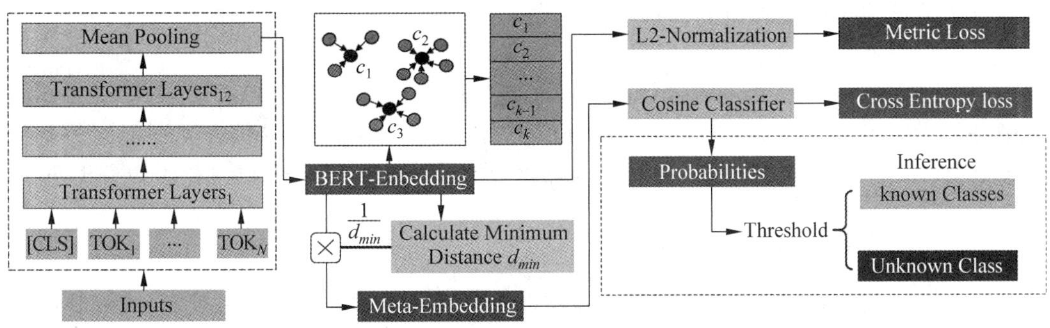

图 6.1　基于深度度量学习的对话意图发现模型框架结构

6.3　元特征表示

本节介绍用于元特征表示的计算方法。首先通过预训练 BERT 语言模型获得原始意图特征表示，然后通过平均向量获得簇中心表示，最后融入样本与簇中心的距离信息获得元特征表示。

6.3.1　意图特征表示

2019 年，预训练 BERT 语言模型在多个 NLP 任务上取得了 SOTA（State of the Art）的结果，引发人们的广泛关注。BERT 使用 Transformer 作为模型主体，相较于传统深度神经网络 RNN、CNN，Transformer 同时具有 RNN 长距离特征捕获能力和 CNN 的高效并行计算能力的优点。通过将下游 NLP 具体任务对 BERT 进行参数微调，获得的输入特征质量较高。因此，利用 BERT 作为神经网络主体抽取意图的原始特征。

对于输入 BERT 的文本序列，提取 BERT 最后一层词向量$[\mathrm{CLS}, \boldsymbol{T}_1, \boldsymbol{T}_2, \cdots, \boldsymbol{T}_N]$，并对其进行平均池化操作得到句向量表示 $\boldsymbol{x}$：

$$\boldsymbol{x} = \mathrm{mean-pooling}([\mathrm{CLS}, \boldsymbol{T}_1, \boldsymbol{T}_2, \cdots, \boldsymbol{T}_N]) \tag{6-1}$$

其中，$\boldsymbol{x} \in \mathbf{R}^H$，$H$ 是隐藏层神经元数目；$\boldsymbol{T}_i$ 是第 i 个词向量；N 是文本序列长度。句向量 $\boldsymbol{x}$ 通过神经网络致密层映射成原始意图特征表示：

$$z = f_\theta(\boldsymbol{x}) \in \mathbf{R}^D \tag{6-2}$$

其中，D 为意图特征向量的维度；θ 为神经网络参数。

6.3.2　计算簇中心向量

利用 6.3.1 节获得的原始意图特征表示计算簇中心向量。簇中心向量 $\boldsymbol{c}_k$ 用这一类中全部意图特征向量的平均值表示：

$$\boldsymbol{c}_k=\frac{1}{|S_k|}\sum_{(\boldsymbol{x},y)\in S_k}f_\theta(\boldsymbol{x}) \tag{6-3}$$

其中，$S=\{S_1,S_2,\cdots,S_n\}=\{(x_1,y_1),(x_2,y_2),\cdots,(x_N,y_N)\}$；$S_k$ 代表类别标签为 k 的样本集合；$y\in\{1,2,\cdots,K\}$对应已知意图标签；K 是已知意图种类；$|\cdot|$代表集合大小。

6.3.3 计算元特征表示

论文[38]指出，未经过训练的领域外样本与领域内样本的距离相对较远。因此，可以利用这个特点区分未知意图。首先，利用6.3.1节中获得的原始意图表示 z 和6.3.2节得到的簇中心向量 $\boldsymbol{c}_k$ 计算欧几里得距离：

$$d_k=\|\boldsymbol{z}-\boldsymbol{c}_k\|_2 \tag{6-4}$$

其次，计算 z 到全部簇中心向量$\{\boldsymbol{c}_k\}_{k=1}^K$的欧几里得距离的最小值 γ：

$$\gamma=\min_k\{d_k\}_{k=1}^K \tag{6-5}$$

其中，γ 用于衡量与已知意图的远近程度，γ 越大表示越接近已知意图，越小则越接近未知类意图。γ 能够决定元特征表示模长大小，元特征向量的模长信息有利于后续余弦分类器获得易区分的分类置信度。因此，将 $1/\gamma$ 乘以原始特征向量计算元特征向量 $\boldsymbol{z}_{\text{meta}}$：

$$\boldsymbol{z}_{\text{meta}}=(1/\gamma)\cdot\boldsymbol{z} \tag{6-6}$$

6.4 余弦分类器

6.3节得到的元特征表示具有和距离有关的模长属性。普通分类器只考虑不同类别的竞争关系，与特征表示的属性无关，因此选择利用余弦分类器[105-106]进行分类。

余弦分类器是具有相似度约束的神经网络层权重参数，通过计算特征向量与不同类别权重的余弦相似度得到分类分数，已知类意图的元嵌入往往模长较大，与对应类分类权重计算的相似度也较高，通过训练使得分类器能够学习到不同意图的模长特点。因此，余弦分类器能够有效体现意图特征与不同类别的关系，选择利用余弦分类器计算分类分数：

$$\text{sim}_k=\tau\cdot\cos(\boldsymbol{z}_{\text{meta}},\boldsymbol{w}_k^*)=\tau\cdot\overline{\boldsymbol{z}_{\text{meta}}}^{\text{T}}\,\overline{\boldsymbol{w}_k^*} \tag{6-7}$$

其中，sim_k 表示元特征 $\boldsymbol{z}_{\text{meta}}$ 与第 k 类分类权重向量 $\boldsymbol{w}_k^*$ 之间的相似度。τ 是用于控制分布范围的标量值。$\cos(\cdot)$利用向量点积计算余弦相似度，$\overline{\boldsymbol{z}_{\text{meta}}}$和$\overline{\boldsymbol{w}_k^*}$均表示经过L2归一化的向量。L2归一化向量$\overline{\boldsymbol{z}_{\text{meta}}}$和$\overline{\boldsymbol{w}_k^*}$的计算方式如下：

$$\overline{\boldsymbol{z}_{\text{meta}}}=\frac{\|\boldsymbol{z}_{\text{meta}}\|^2}{1+\|\boldsymbol{z}_{\text{meta}}\|^2}\,\frac{\boldsymbol{z}_{\text{meta}}}{\|\boldsymbol{z}_{\text{meta}}\|} \tag{6-8}$$

$$\overline{\boldsymbol{w}_k^*} = \frac{\boldsymbol{w}_k^*}{\|\boldsymbol{w}_k^*\|} \tag{6-9}$$

其中，$\|\cdot\|$表示向量的模长。对于分类权重的归一化操作能够消除分类权重向量的模长对分类结果的影响。对元嵌入 $\boldsymbol{z}_{\text{meta}}$ 的归一化操作利用了“非线性挤压函数”[83]。该函数能够使得具有较大模长的向量压缩成长度略小于 1 的向量，将较小模长的向量压缩成长度接近于 0 的向量，这样分类权重通过训练也能学习到输入特征的模长属性，增强了公式(6-5)中的 γ 的影响。

6.5　深度度量学习

为了使得意图特征能够学习到更深层次的数据之间的关系，因此对深度度量学习方法开展相关研究。与传统分类目标损失函数(如交叉熵损失函数)不同，深度度量学习目标损失函数能够使得同一类别的数据在几何空间分布更加紧凑，不同类别的数据彼此远离，因此特征向量有较强的区分能力。希望通过深度度量学习方法学习到有鉴别性的特征表示，获得更为准确的附加距离信息和高质量的用于分类的元嵌入特征表示。

深度度量学习方法在人脸识别领域取得了突出效果[107-108]。本节将从角度边际损失函数和距离边际损失函数两个方面介绍深度度量学习目标损失。

6.5.1　角度边际损失函数

1. Softmax 交叉熵损失函数

Softmax 函数是深度神经网络中广泛使用的激活函数之一，能够获得经过归一化的输出概率。对于第 i 个输入样本 x_i，经过以 θ 为参数的全连接层 f，得到 Softmax 输出概率如下：

$$p(y_i \mid \boldsymbol{x}_i) = \text{Softmax}(f_\theta(\boldsymbol{x}_i)) = \frac{\mathrm{e}^{\boldsymbol{W}_{y_i}^{\mathrm{T}} x_i + b_{y_i}}}{\sum_{j=1}^{K} \mathrm{e}^{\boldsymbol{W}_j^{\mathrm{T}} \boldsymbol{x}_i + b_j}} \tag{6-10}$$

$$\boldsymbol{W}_j^{\mathrm{T}} \boldsymbol{x}_i = \|\boldsymbol{W}_j\| \, \|\boldsymbol{x}_i\| \cos\theta_j \tag{6-11}$$

其中，θ_j 为第 j 类分类权重向量 $\boldsymbol{W}_j$ 与 $\boldsymbol{x}_i$ 向量的夹角。然后计算交叉熵损失：

$$L_s = \frac{1}{N} \sum_{i=1}^{N} -\log \frac{\mathrm{e}^{\|\boldsymbol{W}_{y_i}\| \, \|\boldsymbol{x}_i\| \cos\theta_{y_i} + b_{y_i}}}{\sum_{j=1}^{K} \mathrm{e}^{\|\boldsymbol{W}_j\| \, \|\boldsymbol{x}_i\| \cos\theta_j + b_j}} \tag{6-12}$$

2. L-Softmax 损失函数

Softmax 交叉熵损失函数采用类间竞争机制，擅长优化类间差异，但是不擅长减小类内变化，所以特征相对离散，为了解决此问题，论文[109]中提出 Large Margin Softmax Loss (L-Softmax Loss)。

对于式(6-10)，如果类别 i 的概率大于类别 j 的概率，则有：

$$\|\boldsymbol{W}_i\| \|\boldsymbol{x}\| \cos\theta_i > \|\boldsymbol{W}_j\| \|\boldsymbol{x}\| \cos\theta_j \tag{6-13}$$

L-Softmax 函数则希望通过增加约束变量 m 严格约束上述公式：

$$\|\boldsymbol{W}_i\| \|\boldsymbol{x}\| \cos\theta_i \geqslant \|\boldsymbol{W}_i\| \|\boldsymbol{x}\| \cos(m\theta_i) > \|\boldsymbol{W}_j\| \|\boldsymbol{x}\| \cos\theta_j \tag{6-14}$$

因此，得到目标函数如下：

$$L_L = \frac{1}{N}\sum_{i=1}^{N} -\log \frac{\mathrm{e}^{\|\boldsymbol{W}_{y_i}\| \|\boldsymbol{x}_i\| \cos(m\theta_{y_i})+b_{y_i}}}{\mathrm{e}^{\|\boldsymbol{W}_{y_i}\| \|\boldsymbol{x}_i\| \cos(m\theta_{y_i})+b_{y_i}} + \sum\limits_{j\neq y_i} \mathrm{e}^{\|\boldsymbol{W}_j\| \|\boldsymbol{x}_i\| \cos\theta_j + b_j}} \tag{6-15}$$

其中，m 是正整数，$0 \leqslant m\theta_i \leqslant \pi$。在式(6-14)中，通过增加 m 约束，类 i 和类 j 各自被约束在不同的决策边界范围内，θ_i 与 θ_j 的差距变得更大，类间距离进一步增加，同时类内距离进一步缩小。

3. A-Softmax 损失函数

L-Softmax Loss 虽然从角度和权重两个方面共同约束，但是在任何一个方面都未能分离的足够好。论文[110]指出，基于 L-Softmax 损失函数，进一步增加限制条件：$\|\boldsymbol{W}_i\|=1$，$b_i=0$，得到 A-Softmax 损失函数。它能够使得特征点映射到单位超平面上，权重模长不会影响类别，仅从角度方面区分不同类别，具体公式如下：

$$L_A = \frac{1}{N}\sum_{i=1}^{N} -\log \frac{\mathrm{e}^{\|\boldsymbol{x}_i\| \cos(m\theta_{y_i})}}{\mathrm{e}^{\|\boldsymbol{x}_i\| \cos(m\theta_{y_i})} + \sum\limits_{j\neq y_i} \mathrm{e}^{\|\boldsymbol{x}_i\| \cos\theta_j}} \tag{6-16}$$

其中，θ_{y_i} 的范围是 $\left[0, \frac{\pi}{m}\right]$。为了消除该范围限制，定义函数 $\varphi(\theta_{y_i})$ 扩展角度范围：

$$\varphi(\theta_{y_i}) = (-1)^k \cos(m\theta_{y_i}) - 2k \tag{6-17}$$

其中满足

$$\theta \in \left[\frac{k\pi}{m}, \frac{(k+1)\pi}{m}\right], \quad k \in [0, m-1] \tag{6-18}$$

该函数在 $\left[0, \frac{\pi}{m}\right]$ 范围内与式(6-16)等价，在定义域内为单调递减函数。

4. AM-Softmax 损失函数

AM-Softmax 损失函数[108]在 A-Softmax 损失函数上做了进一步改进。A-Softmax 损失函数引入的单调递减函数 $\varphi(\theta_{y_i})$ 比较烦琐，需要精细复杂的调参过程，而且角度距离公式不方便反向传播求导。相较而言，AM-Softmax 损失函数利用了余弦距离，即将公式中的 $\cos(m\theta)$ 替换成 $\cos(\theta)-m$，定义的 $\varphi(\theta)$ 更为简单直观，而且反向传播求导更方

便。具体公式如下：

$$L_{\mathrm{AM}}=\frac{1}{N}\sum_{i=1}^{N}-\log\frac{\mathrm{e}^{s\cdot(\cos\theta_{y_i}-m)}}{\mathrm{e}^{s\cdot(\cos\theta_{y_i}-m)}+\sum_{j\neq y_i}\mathrm{e}^{s\cdot\cos\theta_j}} \tag{6-19}$$

满足：

$$\boldsymbol{w}^*=\frac{\boldsymbol{w}}{\|\boldsymbol{w}\|},\quad \boldsymbol{x}^*=\frac{\boldsymbol{x}}{\|\boldsymbol{x}\|},\quad \boldsymbol{w}_j^*\boldsymbol{x}=\cos\theta_j \tag{6-20}$$

其中，$\boldsymbol{w}^*$ 和 $\boldsymbol{x}^*$ 是经过归一化的权重和特征，能够保证最终收敛结果质量；s 为缩放因子，有利于提高收敛性能；m 为余弦距离惩罚边际值，用于控制正则项惩罚力度。

5. ArcFace 损失函数

论文[107]指出，由于余弦距离相对更加密集，优化角度距离比余弦距离对角度的影响更大，因此，ArcFace 损失函数在 AM-Softmax 损失函数基础上将函数 $\varphi(\theta)$ 由 $\cos(\theta)-m$ 替换成 $\cos(\theta+m)$，具体公式如下：

$$L_{\mathrm{ARC}}=\frac{1}{N}\sum_{i=1}^{N}-\log\frac{\mathrm{e}^{s\cdot(\cos(\theta_{y_i}+m))}}{\mathrm{e}^{s\cdot(\cos(\theta_{y_i}+m))}+\sum_{j\neq y_i}\mathrm{e}^{s\cdot\cos\theta_j}} \tag{6-21}$$

同样满足式(6-20)约束条件，这里不再赘述。

6.5.2　距离边际损失函数

希望提取的意图特征和样本与已知类簇中心的距离有关，因此获得准确的距离信息尤为关键。理想情况下，已知意图样本与其对应簇中心的欧几里得距离比较近，未知意图样本与全部簇中心的欧几里得距离都比较远，因此利用距离边际目标损失函数训练，损失函数定义如下

$$L_{\mathrm{dis}}=\frac{1}{N}\sum_{i=1}^{N}\max\left(0,\sum_{k=y_i}\|\boldsymbol{z}_i-\boldsymbol{c}_k\|_2-\frac{1}{K}\sum_{k\neq y_i}\|\boldsymbol{z}_i-\boldsymbol{c}_k\|_2+m\right) \tag{6-22}$$

其中，$\|\cdot\|_2$ 表示欧几里得距离；K 代表已知类别的数量；m 是设定的距离损失边际。该目标函数的物理意义是，意图特征向量与其所在类簇中心的欧几里得距离要比与其他类簇中心的欧几里得距离均值至少小于 m，使得同一类数据较为靠近，不同类数据彼此远离。

由于缺乏未知意图样本用于训练，已知意图获得较大的附加距离信息，未知意图获得较小的附加距离信息，再结合余弦分类器获得具有对应模长属性的分类概率，有利于区分未知意图。

6.6 训练及预测

6.6.1 联合目标训练

交叉熵损失在有监督分类问题上能取得不错的效果，对于已知意图类别$\{K_1, K_2, \cdots, K_n\}$，定义的交叉熵目标损失函数如下：

$$\text{Loss}_{\text{ce}} = -\frac{1}{N}\sum_{i=1}^{N}\log(p(y=y_i \mid \boldsymbol{z}_{\text{meta}}^{i})) \tag{6-23}$$

$$p(y=y_i \mid \boldsymbol{z}_{\text{meta}}^{i}) = \text{Softmax}(\phi(\boldsymbol{z}_{\text{meta}}^{i})) = \frac{\mathrm{e}^{\boldsymbol{W}_{y_i}^{\mathrm{T}}\boldsymbol{z}_{\text{meta}}^{i}+b_{y_i}}}{\sum_{j=K_1}^{K_n}\mathrm{e}^{\boldsymbol{W}_{j}^{\mathrm{T}}\boldsymbol{z}_{\text{meta}}^{i}+b_{j}}} \tag{6-24}$$

其中，$\phi(\cdot)$表示线性输出层；$\boldsymbol{W}$ 和 b 分别表示该层的权重和偏置。元特征向量通过 Softmax 激活函数获得分类概率，再利用交叉熵损失最大化元特征向量分到所属类的概率。

在交叉熵损失的基础上，利用距离边际损失函数式(6-22)学习深度意图特征，联合训练目标函数如下：

$$\text{Loss} = \text{Loss}_{\text{ce}} + \lambda \cdot \text{Loss}_{\text{dis}} \tag{6-25}$$

其中，λ 是用于平衡交叉熵损失和深度度量损失的标量值。

通过联合训练，既能保证已知意图分类的准确性，又能学习到深层高级语义特征用于区分开放意图，因此适合用于开放分类任务。

6.6.2 基于置信度阈值的意图预测

在预测阶段，通过设定的置信度阈值区分已知类意图和未知类意图，已知类意图按照最大预测概率所在的类别进行分类：

$$\hat{y} = \begin{cases} \text{unknown}, & \max\limits_{k}\{p_k\} < \text{threshold} \\ \arg\max\limits_{k}\{p_k\}, & \text{其他} \end{cases} \tag{6-26}$$

其中，threshold 是置信度阈值；$\arg\max\limits_{k}\{p_k\}$表示最大预测概率所在类别。

通过元特征表示和余弦分类器使得未知意图的最大预测概率更容易低于置信度阈值，已知意图的最大预测概率更容易高于置信度阈值，进而取得较好的分类效果。

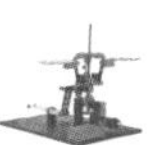

6.7　实验结果与分析

6.7.1　实验数据集

本书使用文本意图识别领域的 3 个公开数据集 StackOverflow、FewRel80 和 OOS 模型进行评估和测试，统计信息如表 6.1 所示。

表 6.1　数据集统计信息

数据集	类别数	#训练集	#验证集	#测试集	词汇表	最大/平均长度
StackOverflow	20	18 000	1000	1000	17 182	41/9.18
FewRel80	80	50 400	2800	2800	2800	36/24.50
OOS	150	15 000	4500	4200	7447	28/18.42

注：#代表统计样本数量。

1. StackOverflow

StackOverflow 是发布在 Kaggle.com 上的数据集，包含和技术相关的 3 370 528 条技术问题和答案。使用论文[47]中经过预处理的数据集，该数据集带有 20 个技术意图标签，每种类别随机采样 1000 个样本。

2. FewRel80

FewRel80 是由论文[111]提出的一个大规模关系分类数据集，原始数据内容为维基百科和维基数据[112]，包含 100 种关系类别，训练集有 80 类，测试集为 20 类。但是由于测试集 20 类没有公开，利用 80 种已公布类别的数据作为全部数据集，包含 56 000 条数据。公布的数据集中有 50 400、5600 条数据分别用于训练和验证。

3. OOS

OOS 是由论文[113]提出的意图分类数据集。原始数据集包含 22 500 条领域内数据和 1200 条领域外数据。领域内数据包含 20 个领域的 150 种意图。

数据划分将数据集划分为彼此独立的训练集、验证集和测试集。实验中，已知意图类别占全部类别的 25%、50% 和 75%，其余类别意图为未知意图。特别注意的是，对话意图发现的设置比较特殊，训练集和验证集只包含已知意图类别数据，测试集则同时包含已知意图和未知意图类别数据，测试集中已知意图类别数据分布均匀。

对于 StackOverflow 数据集，训练集、验证集和测试集每种类别分别随机采样 900、50、50 个样本；FewRel80 数据集，将原始数据集中用于验证的 5600 条数据随机采样 2800 条数据作为测试集，剩下 2800 条数据作为验证集；OOS 数据集，训练集、验证集和测试集每种类别分别随机采样 100、30、20 条数据，此外，领域外的 1200 条数据一并划分给测试集。

6.7.2 评估方法

利用常见评估指标：F1 值(F1-score)评估模型的性能。F1 值的计算方式略为复杂，这里由于多目标分类，计算宏观平均值。假设意图类别为$\{C_1, C_2, \cdots, C_N\}$，将未知类看作第 N 类，其余为已知类，计算方式如下：

$$\text{Macro}_{\text{F1}} = \frac{1}{N}\sum_{i=1}^{N} \text{F1}_{C_i}, \quad \text{F1}_{C_i} = \frac{2 * \text{Precision}_{C_i} * \text{Recall}_{C_i}}{\text{Precision}_{C_i} + \text{Recall}_{C_i}} \tag{6-27}$$

其中，宏观平均值是由每一类 F1 值结果的平均值计算得到，F1_{C_i} 通过计算正类的精确率和召回率的调和平均值得到。F1 值能够综合考虑精确率和召回率两个评估指标，反映整体性能。精确度和召回率的计算方式如下：

$$\text{Precision} = \frac{1}{N}\sum_{i=1}^{N} \text{Precision}_{C_i}, \quad \text{Precision}_{C_i} = \frac{\text{TP}_{C_i}}{\text{TP}_{C_i} + \text{FP}_{C_i}} \tag{6-28}$$

$$\text{Recall} = \frac{1}{N}\sum_{i=1}^{N} \text{Recall}_{C_i}, \quad \text{Recall}_{C_i} = \frac{\text{TP}_{C_i}}{\text{TP}_{C_i} + \text{FN}_{C_i}} \tag{6-29}$$

其中，C_i 代表第 i 类且为正类，除 C_i 的其他类别为负类；TP_{C_i} 表示预测值为正类、真实值为正类的样本数量；FP_{C_i} 表示预测值为正类、真实值为负类的样本数量；FN_{C_i} 表示预测值为负类、真实值为正类的样本数量。

6.7.3 基准方法

1. Maximum Softmax Probability(MSP)

Hendrycks 等人在论文[38]中提出了一个简单的区分异常类的方法，通过深度神经网络获得预测 Softmax 概率，通过设定置信度阈值来检测未知意图。由于没有未知意图用于训练或调参，因此选择了最简单的置信度阈值 0.5。

2. Deep Open Classification(DOC)

Shu 等人在论文[37]中同样提出了一个基于置信度阈值的方法，神经网络最后一层通过 Sigmoid 激活函数输出分类概率，通过统计每一类的概率分布，将概率远离均值 3σ 的样本识别成未知类意图，其余按照最大概率预测类别输出。

3. Large Margin Cosine Loss (Local Outlier Factor) / LMCL+LOF

Lin 等人在论文[3]中提出了一种基于深度度量学习的领域外样本检测方法。通过大边际余弦损失函数(LMCL)获得深度意图特征，利用异常检测器(LOF)分离未知意图。

6.7.4　参数设定

利用以 PyTorch 实现的预训练 BERT-base 模型作为神经网络主体框架。为了加快收敛，对 BERT 全部 12 层参数进行微调。训练迭代次数为 100 次，批次大小为 64，学习率为 $2e^{-5}$，衰减系数为 0.1，每轮实验换不同的随机种子跑 10 次以上。

余弦分类器式(6-7)控制分布范围参数 τ 设置为 64，联合训练目标式(6-25)平衡参数 λ 设置为 0.1，概率阈值式(6-26)设置为 0.9。

深度度量学习损失函数 AM-Softmax 式(6-19)缩放因子 s 设置为 30，余弦边界 m 设置为 0.35；Arc-Face 式(6-21)缩放因子 s 设置为 64，角度边界 m 设置为 0.5；Large-Margin 式(6-22)距离边界 m 设置为 5。

6.7.5　实验结果与分析

实验结果如表 6.2 所示。在已知类意图比例 25%、50%和 75%条件下，对不同方法在 3 个数据集上的实验结果进行了评估。提出的方法(DDML+)在 3 个数据集的所有实验设置下均取得了最好效果，尤其在已知类意图比例为 25%时，在 3 个数据集上分别比最好的基准方法提升了 10.03%、4.57%和 13.84%，进一步证明了所介绍方法的有效性。

在基准方法实验中，最简单的基线实验 MSP 的效果并不逊色于另外两种专门用于解决开放分类问题的方法 DOC 和 LMCL+LOF，这可能是由于 BERT 强大的特征提取能力使得已知类意图大多获得非常高的置信度，从而更容易通过高置信度阈值(如 0.9)区分出来，但是未知意图被错误区分成已知意图的概率也相应变高(见图 6.2)。因此，MSP 并未能够有效学习到具有区分能力的深度意图特征，而对于其他两个基准方法，由于已知类意图分类效果受到算法性能影响导致全部类别的宏观 F1 值较差。

表 6.2　在 StackOverflow、FewRel 和 OOS 数据集上对话意图发现结果

数据集	StackOverflow			FewRel			OOS		
已知类比例	25%	50%	75%	25%	50%	75%	25%	50%	75%
DOC	52.97	67.48	78.21	49.77	65.50	75.40	68.73	80.51	88.76
LMCL+LOF	42.22	63.65	76.31	54.40	68.63	76.70	71.12	82.39	86.69
MSP	57.22	79.40	85.07	55.09	64.43	79.34	66.78	82.78	89.57
DCE	61.61	81.14	87.43	56.78	69.00	81.20	74.56	87.25	89.47
DDML(Large-Margin)	66.40	83.87	88.20	56.32	70.24	79.36	78.07	86.90	89.75
DDML(AM-Softmax)	65.92	84.45	88.14	58.39	69.25	81.83	77.02	87.14	90.18
DDML(ArcFace)	66.13	84.28	88.02	58.37	70.34	80.69	76.77	87.07	90.25
DDML+	71.64	86.12	88.43	59.66	71.86	83.05	80.62	87.75	90.43

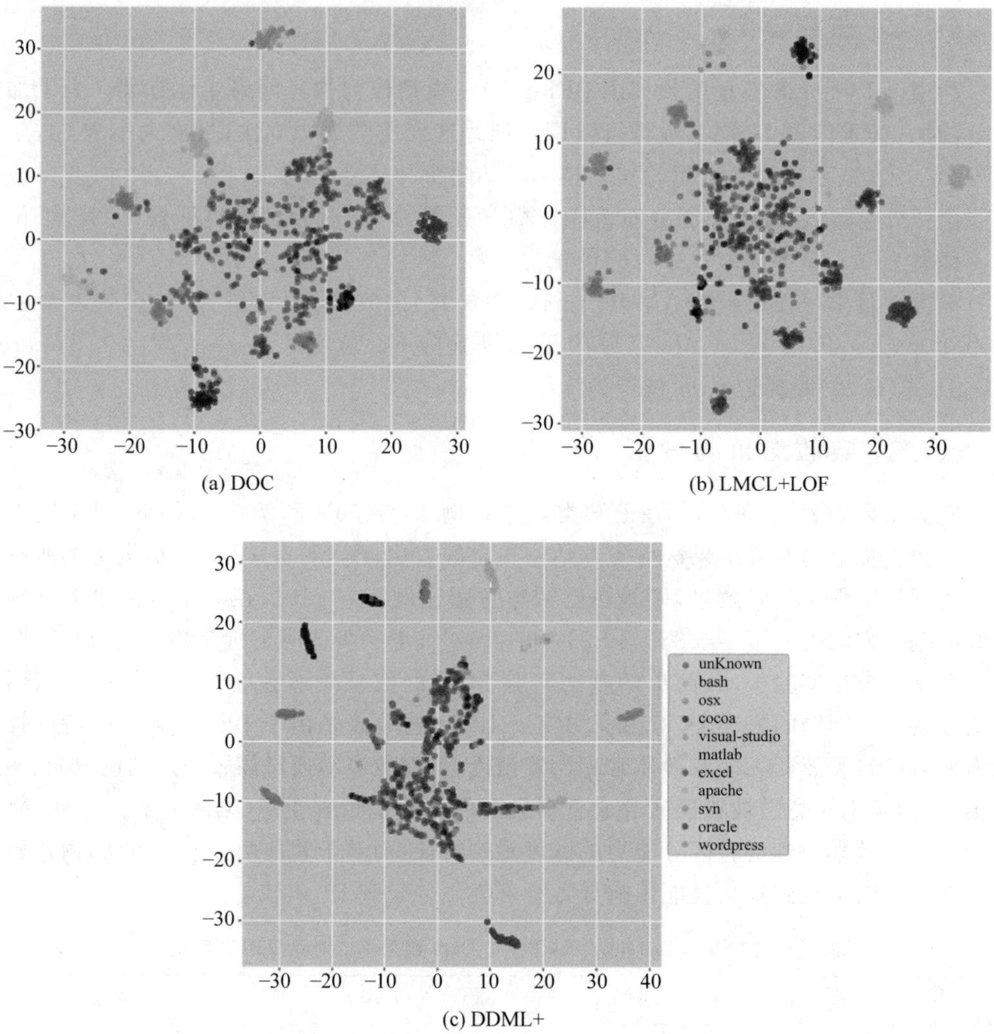

(a) DOC

(b) LMCL+LOF

(c) DDML+

图 6.2　模型在 StackOverflow 数据集上的意图表示可视化

利用 t-SNE[114] 对意图表示可视化(见图 6.2)。选择与目前最好的两个基准方法 DOC 和 LMCL＋LOF 相对比,然后发现 3 个方法获得的已知类意图特征表示(非灰色部分)类内方差都比较小。但是对于未经过训练的未知意图特征表示(灰色部分)而言,前两个方法表示分布相对离散,容易与已知意图特征表示混合在一起,不利于区分未知意图,融入距离信息的元特征表示能够泛化到未知意图特征,使得它们同样具有远离已知类簇中心的性质。因此,特征分布朝着特征空间的中心聚集、分布相对紧凑。

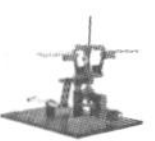

此外,利用不同目标损失函数进行对比实验,实验结果如表 6.2 所示。DCE 只利用交叉熵目标损失函数,其余目标损失函数均将交叉熵损失和深度度量损失联合训练,其中,DDML(Large-Margin)利用距离边际损失函数式(6-22),DDML(AM-Softmax)和 DDML(ArcFace)则利用对应的角度边际损失函数式(6-19)和式(6-21),DDML+则是上述 3 种深度度量损失函数的结合。

首先,分析融入距离信息的元特征表示对开放意图分类结果的影响。如表 6.2 所示,与 MSP 相比,DCE 方法几乎在所有数据集和实验设置下都有一定的性能提升,尤其在已知意图类别较少时提升效果显著(如在 OOS 数据集上提升了 7.78%),但是随着已知类别比例增多,已知类别分类性能对于最终结果逐渐起着主导作用。因此,所介绍的方法效果的提升程度有所下降。如图 6.3 所示,DCE 方法在高置信度区间范围内未知意图样本数量明显小于 MSP 方法,这进一步说明了引入距离信息能够使得未知意图特征表示获得较低置信度,更容易通过置信度阈值进行区分。

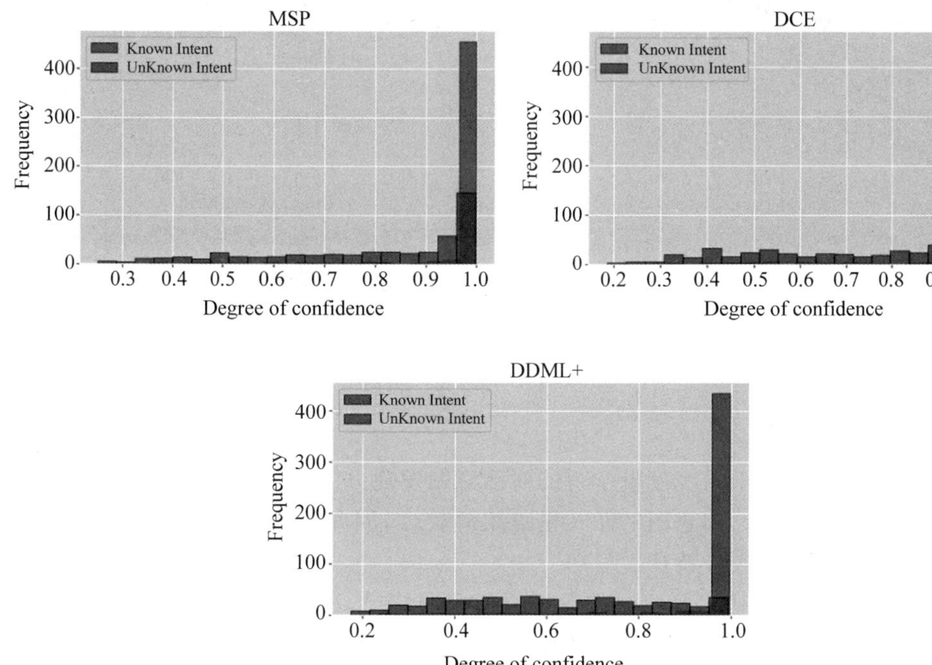

图 6.3　不同方法已知意图和未知意图的概率分布

其次,分析深度度量学习对开放意图分类结果的影响。如表 6.2 所示,引入深度度量损失的 4 个方法 DDML(Large-Margin)、DDML(AM-Softmax)、DDML(ArcFace)、

DDML+，在3个数据集的多数实验设置中比DCE方法效果要好。其中，在已知类比例25%的StackOverflow数据集，DDML+比DCE提升了10.03%。如图6.3所示，DDML+的未知意图样本在低置信度区间范围内分布更多，获得的分类概率更具有区分性。因此，深度度量学习通过学习类内紧凑、类间远离的特征表示能进一步提升模型效果。

最后，分析已知意图类别比例对实验结果的影响。如图6.4所示，对比不同方法在OOS数据集上已知类和未知类宏观F1值结果。对于已知类F1值而言，3类方法均随着已知类比例增加导致有监督分类结果更好，所介绍的方法在已知类别比例较小的情况(如25%、50%)下效果要远远优于3个基准实验方法，能够大大降低未知意图样本被错误分类到已知类的可能性。随着已知类比例增加，模型效果仍要优于MSP。对于未知类结果而言，3类方法均随着已知类比例增加引入更多的开放空间风险，但是所介绍的方法具有更强的鲁棒性，尤其在已知类别比例为75%识别未知意图效果显著优于其他方法。

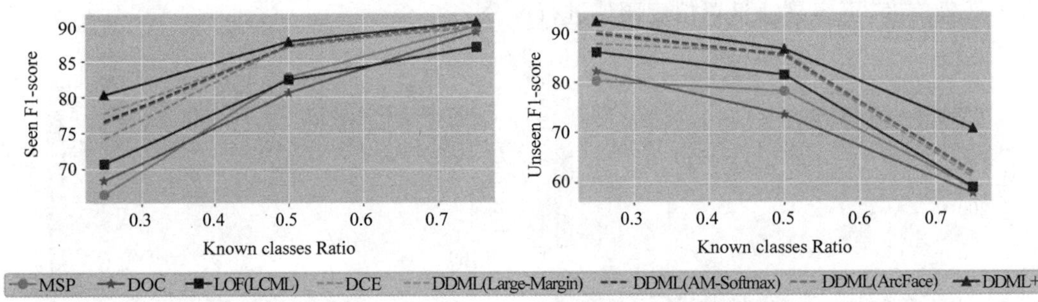

图6.4　已知意图类别比例对模型效果的影响

6.8　本章小结

本章介绍了一种基于深度度量学习的对话意图发现方法。由于未经过训练的开放意图样本在特征空间中与已知意图的欧几里得距离较远，因此选择利用与已知意图之间的距离信息作为不同意图区分特征。

利用预训练BERT语言模型抽取获得原始意图特征，利用样本到簇中心向量的欧几里得距离作为附加信息融入原始意图特征，进一步将距离信息转化为意图向量的模长特征，再通过余弦分类器将模长特征转化为分类概率特征，利用置信度阈值进行区分。为了获得更准确的附加距离信息和易于区分的意图特征，结合深度度量学习最大化类间方差、最小化类内方差，使得已知类的决策边界更加紧凑。

提出的方法通过找寻已知意图和未知意图的公共属性，克服了缺乏先验知识的开放意图的泛化性问题。但是，置信度阈值作为静态决策边界需要人为筛选，缺乏稳定性。

第7章 基于大边际余弦损失函数的未知意图检测方法

7.1 引　　言

在第5章介绍了基于模型后处理的未知意图检测方法，该方法可在不影响原始模型架构的情况下，使深度神经网络分类器具备检测未知意图的能力。与传统方法相比，其性能提升的关键在于：神经网络分类器可以更准确地对意图建模，并获得深度意图表示。然而，通过传统 Softmax 交叉熵损失函数所学习的深度意图表示，只是神经网络模型的副产物，并非专门为未知意图检测任务所设计，在性能上仍有提升空间。

在本章将进一步研究深度神经网络分类器的损失函数，让模型学习更适合用于未知意图检测任务的深度意图表示。因此，引入大边际余弦损失函数来取代传统分类模型中的 Softmax 交叉熵损失函数，促使模型在学习分类决策边界的同时，也必须考虑到边际项惩罚，进而获得类内紧凑、类间分离的深度意图表示，提升未知意图检测性能。

7.2 基于大边际余弦损失函数的未知意图检测模型

在本节中，将对基于大边际余弦损失函数的未知意图检测模型进行详细描述(见图 7.1)。首先，使用双向长短期记忆网络(BiLSTM)作为基础分类器，对已知意图建模。其次，通过大边际余弦损失函数来取代 Softmax 交叉熵损失函数，迫使模型在学习分类决策边界的同时也必须考虑边际项，进而得到类内紧凑、类间分离的深度意图表示。最后，结合神经网络分类器的深度意图表示，通过基于密度的异常检测算法——局部异常因子(LOF)来检测未知意图。基于大边际余弦损失函数的新意图检测模型如图 7.1 所示。

首先，将双向长短期记忆网络[83]分类器作为特征提取器，对意图建模。如图 7.1 所示，给定一个最大单词序列长度为 ℓ 的句子，将单词序列 $\boldsymbol{w}_{1:\ell}$ 转换为 m 维词向量 $\boldsymbol{v}_{1:\ell}$，然后输入至正向 LSTM 和后向 LSTM 并生成特征表示 $\boldsymbol{x}$：

$$\overrightarrow{\boldsymbol{x}_t} = \mathrm{LSTM}(\boldsymbol{v}_t, \overrightarrow{\boldsymbol{c}_{t-1}}) \tag{7-1}$$

$$\overleftarrow{\boldsymbol{x}_t} = \mathrm{LSTM}(\boldsymbol{v}_t, \overleftarrow{\boldsymbol{c}_{t+1}}) \tag{7-2}$$

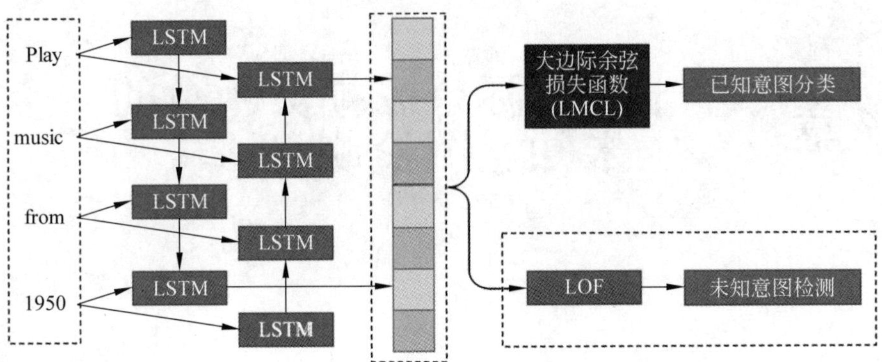

图 7.1　基于大边际余弦损失函数的未知意图检测模型

$$\boldsymbol{x} = [\overrightarrow{\boldsymbol{x}_\ell}; \overleftarrow{\boldsymbol{x}_1}] \tag{7-3}$$

其中，$\boldsymbol{v}_t$ 表示在时间步 t 的输入词向量；$\overrightarrow{\boldsymbol{x}_t}$ 和 $\overleftarrow{\boldsymbol{x}_t}$ 分别是正向和反向 LSTM 的输出向量；$\overrightarrow{c_{t-1}}$ 和 $\overleftarrow{c_{t+1}}$ 分别是正向和反向 LSTM 的细胞状态。通过将正向 LSTM 的最后一个输出向量 $\overrightarrow{\boldsymbol{x}_\ell}$ 和后向 LSTM 的第一个输出向量 $\overleftarrow{\boldsymbol{x}_1}$ 进行拼接，即可获得意图表示 $\boldsymbol{x}$ 并将其作为下一阶段的输入。

7.2.1　角度边际损失函数

在本节中，将改进神经网络分类器中的损失函数。通过在损失函数中加入角度边际，迫使神经网络模型在学习决策边界时必须考虑边际项惩罚，在最大化类间方差的同时最小化类内方差，并获得类间分离、类内紧凑的深度意图表示，进而提升未知意图检测性能。

1. Softmax 交叉熵损失函数

Softmax 函数是在神经网络中被广泛使用的激活函数，通常应用于分类器输出层之后，用于将输出向量归一化为概率分布。Softmax 激活函数 σ 的定义如下：

$$\sigma(z_i) = \frac{e^{z_i}}{\sum_{j=1}^{K} e^{z_j}} \tag{7-4}$$

其中，K 是类别数量；$\boldsymbol{z} = (z_1, z_2, \cdots, z_K) \in \mathbf{R}^K$ 为向量。

在神经网络分类器的训练过程中，主要通过交叉熵来计算样本预测概率与真实概率的误差。交叉熵 CE 定义如下：

$$\mathrm{CE} = \sum_{i}^{K} - y_i \log p_i \tag{7-5}$$

其中，y_i 是样本的真实标签；p_i 是真实标签的后验概率。

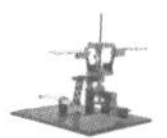

结合 Softmax 激活函数和交叉熵，即可计算 Softmax 交叉熵损失函数。Softmax 交叉熵损失函数最小化样本对真实标签的后验概率，并通过反向传播来更新神经网络参数。给定样本 i 的输入特征 $\boldsymbol{x}_i$ 与其标签 y_i。Softmax 交叉熵损失函数 $\mathcal{L}_S$ 的定义如下：

$$\begin{aligned}\mathcal{L}_S &= \frac{1}{N}\sum_{i}^{N} -\log p_i \\ &= \frac{1}{N}\sum_{i}^{N} -\log \frac{\mathrm{e}^{f_{y_i}}}{\sum_j \mathrm{e}^{f_j}}\end{aligned} \tag{7-6}$$

其中，p_i 是真实标签的后验概率；N 是样本数；f_j 为全连接层。神经网络的输出层 f_j 定义如下：

$$\begin{aligned}f_j &= \boldsymbol{W}_j^{\mathrm{T}}\boldsymbol{x} \\ &= \|\boldsymbol{W}_j\| \, \|\boldsymbol{x}\| \cos\theta_j\end{aligned} \tag{7-7}$$

其中，$\cos\theta_j$ 为 $\boldsymbol{W}_j$ 向量与 $\boldsymbol{x}$ 向量之间的夹角。这里省略全连接层中的偏置项 b_j 以维持表达式的简洁。综上所述，可将 Softmax 交叉熵损失函数 $\mathcal{L}_S$ 改写如下：

$$\mathcal{L}_S = \frac{1}{N}\sum_{i}^{N} -\log \frac{\mathrm{e}^{\|\boldsymbol{W}_{y_i}\| \|\boldsymbol{x}_i\| \cos(\theta_{y_i,i})}}{\sum_j \mathrm{e}^{\|\boldsymbol{W}_j\| \|\boldsymbol{x}_i\| \cos(\theta_{j,i})}} \tag{7-8}$$

2. L-Softmax 损失函数

通过观察发现，基于深度学习的特征向量在角度上通常具有隐式分布[110]。为了促使网络学到类内紧凑、类间分离的特征表示向量，在计算损失函数时引入角度边际 m 作为隐含的正则项，要求模型在优化时，必须考虑角度空间的边际项，进而推导出 L-Softmax 损失函数 $\mathcal{L}_L$[109] 如下：

$$\mathcal{L}_L = \frac{1}{N}\sum_{i}^{N} -\log \frac{\mathrm{e}^{\|\boldsymbol{W}_{y_i}\| \|\boldsymbol{x}_i\| \psi(\theta_{y_i,i})}}{\mathrm{e}^{\|\boldsymbol{W}_{y_i}\| \|\boldsymbol{x}_i\| \psi(\theta_{y_i,i})} + \sum_{j \neq y_i} \mathrm{e}^{\|\boldsymbol{W}_j\| \|\boldsymbol{x}_i\| \cos(\theta_{j,i})}} \tag{7-9}$$

其中，ψ 为单调递减函数，具体定义为：

$$\begin{cases}\psi(\theta) = (-1)^k \cos(m\theta) - 2k \\ \theta \in \left[\dfrac{k\pi}{m}, \dfrac{(k+1)\pi}{m}\right]\end{cases} \tag{7-10}$$

其中，θ 为特征向量与类中心的角度；m 为角度边际，控制着正则项的惩罚力度，m 越大则惩罚力度越大。特征表示向量与目标类中心的角度越小，$\cos(\theta)$ 越大，损失函数值越小。如果特征表示向量与其他类中心的角度越大，则损失函数值越小。通过在损失函数中加入角度边际，要求特征表示向量在训练时不仅要最小化类别内的差距，还要最大化类别间的差距。

3. A-Softmax 损失函数

在 L-Softmax 损失函数的基础上，为了更高效地学习特征表示向量，通过对权重进行归一化 $\| \boldsymbol{W}_j \| = 1$，消除权重值对计算损失函数的直接影响，从而使模型更专注于优化特征表示向量和类中心的角度，进而推导出 A-Softmax 损失函数 $\mathcal{L}_A$ [110] 定义如下：

$$\mathcal{L}_A = \frac{1}{N} \sum_{i}^{N} -\log \frac{\mathrm{e}^{\| \boldsymbol{x}_i \| \psi(\theta_{y_i,i})}}{\mathrm{e}^{\| \boldsymbol{x}_i \| \psi(\theta_{y_i,i})} + \sum_{j \neq y_i} \mathrm{e}^{\| \boldsymbol{x}_i \| \cos(\theta_{j,i})}} \tag{7-11}$$

A-Softmax 损失函数通过对权重进行归一化，让模型直接从角度去优化特征空间，并提升特征学习的性能。

4. N-Softmax 损失函数

但是，在使用 A-Softmax 损失函数进行训练时，模型并非直接优化特征向量与类中心的角度，而是对类中心角度再乘上特征长度进行优化，导致特征长度也会随着训练过程被改变，影响模型优化性能。因此，通过把输入特征的长度固定为 $\| \boldsymbol{x} \| = s$，迫使模型专注于优化特征向量与类中心的角度，进而推导出 N-Softmax 损失函数 $\mathcal{L}_N$ [115] 定义如下：

$$\mathcal{L}_N = \frac{1}{N} \sum_{i}^{N} -\log \frac{\mathrm{e}^{s \cdot \cos(\theta_{y_i,i})}}{\sum_{j} \mathrm{e}^{s \cdot \cos(\theta_{j,i})}} \tag{7-12}$$

其中，s 是超参数，负责控制特征空间超球面的半径，s 太小容易产生梯度震荡，使模型在训练过程中难以收敛；s 太大又会造成损失函数值过小，影响训练性能。N-Softmax 损失函数通过引入特征归一化和权重归一化，避免了样本特征长度在训练和测试时尺度不一致的问题，进而提升模型性能。

7.2.2 大边际余弦损失函数

在 N-Softmax 损失函数的基础上，进一步引入边际项。不论 L-Softmax 损失函数还是 A-Softmax 损失函数，皆需依赖精心设计的单调递减函数 ψ 来引入角度边际，这样不但会导致模型优化的复杂度增加，而且正则项的惩罚力度也不够。给定一个二分类神经网络模型，假设权重向量和特征表示向量间的夹角为 θ，对于类别 C_1，模型在优化过程中将使得 $\cos(\theta_1) > \cos(\theta_2)$。在分类器中引入加性边际：

$$\cos(\theta_1) - m > \cos \theta_2 \tag{7-13}$$

其中，m 为边际值，且 $\cos(\theta) - m$ 严格小于 $\cos(\theta)$。

通过上述的加性边际来取代单调递减函数 ψ，不仅降低了模型优化复杂度，也能更好地控制正则项的惩罚力度。综上所述，可推导得出大边际余弦损失函数 $\mathcal{L}_{\mathrm{LMC}}$(LMCL) [116] 定义如下：

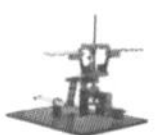

$$\mathcal{L}_{\mathrm{LMC}}=\frac{1}{N}\sum_{i}^{N}-\log\frac{\mathrm{e}^{s\cdot(\cos(\theta_{y_i},i)-m)}}{\mathrm{e}^{s\cdot(\cos(\theta_{y_i},i)-m)}+\sum_{j\neq y_i}\mathrm{e}^{s\cdot\cos(\theta_j,i)}} \tag{7-14}$$

受约束于如下条件：

$$\cos(\theta_j,i)=\boldsymbol{W}_j^{\mathrm{T}}\boldsymbol{x}_i \tag{7-15}$$

$$\boldsymbol{W}=\frac{\boldsymbol{W}^*}{\|\boldsymbol{W}^*\|} \tag{7-16}$$

$$\boldsymbol{x}=\frac{\boldsymbol{x}^*}{\|\boldsymbol{x}^*\|} \tag{7-17}$$

其中，N 表示训练样本的数量；y_i 是第 i 个样本的真实类别；s 是缩放因子；m 是边际常数；$\boldsymbol{W}_j$ 是第 j 类的权重向量；$\|\cdot\|$ 是 L_2 归一化；θ_j 是 $\boldsymbol{W}_j$ 和 $\boldsymbol{x}_i$ 之间的夹角。首先，LMCL 对特征向量 $\boldsymbol{x}$ 和权重向量 $\boldsymbol{W}$ 进行 L_2 归一化，将 Softmax 交叉熵损失函数转化为余弦损失函数。其次，通过引入加性边际到损失函数中，使其从角度上最大化决策边界，强制模型在训练过程中最大化类间方差并最小化类内方差。最后，把分类器模型作为特征提取器，获得类内紧凑、类间分离的意图表示。

接着，进一步比较与分析 Softmax、N-Softmax、A-Softmax 和大边际余弦损失函数的物理意义，如图 7.2～图 7.5 所示。给定一个二分类器，其中 C_1 和 C_2 是类别，$\boldsymbol{W}_1$ 和 $\boldsymbol{W}_2$ 是该类别的权重向量，Softmax 损失函数的决策边界定义如下：

$$\|\boldsymbol{W}_1\|\cos(\theta_1)=\|\boldsymbol{W}_2\|\cos(\theta_2) \tag{7-18}$$

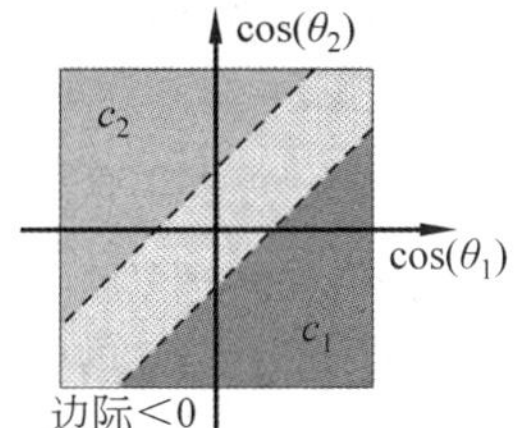

图 7.2　Softmax 交叉熵损失函数

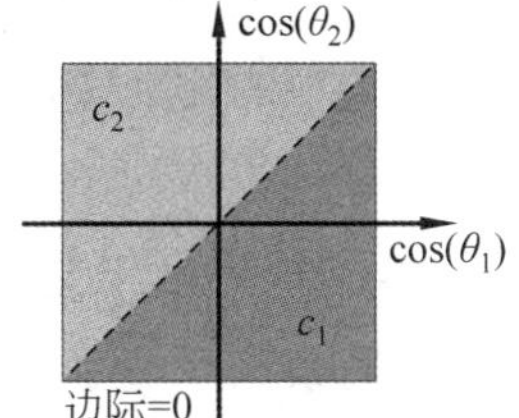

图 7.3　N-Softmax 损失函数

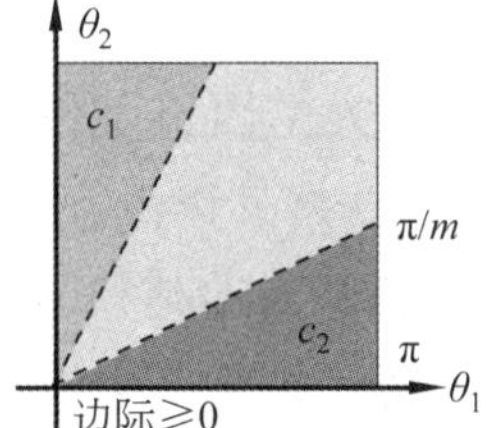

图 7.4　A-Softmax 损失函数

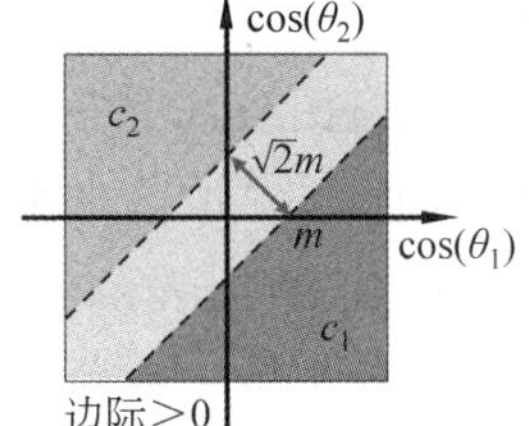

图 7.5　大边际余弦损失函数

其中，决策边界取决于权重向量 $\boldsymbol{W}$ 与余弦夹角 $\cos(\theta)$，进而导致余弦空间中出现重叠的决策区域，如图 7.2 所示。

N-Softmax 损失函数通过权重归一化 $\|\boldsymbol{W}\|=1$，消除权重值对于决策边界的影响，如图 7.3 所示，其决策边界定义如下：

$$\cos(\theta_1)=\cos(\theta_2) \tag{7-19}$$

然而，决策空间在消除了权重值的波动影响后，仍然容易受到输入噪声的影响，特别是在决策边界附近，任何微小的输入扰动都可能影响分类结果。A-Softmax 通过在角度空间引入边际项，进行了改进，其决策边界定义如下：

$$C_1:\cos(m\theta_1)>\cos(\theta_2) \tag{7-20}$$

$$C_2:\cos(m\theta_2)>\cos(\theta_1) \tag{7-21}$$

对于 C_1，要求其满足 $\theta_1>\theta_2/m$，反之 C_2 亦是如此，如图 7.4 所示，其中灰色区域是决策边际。

但是，A-Softmax 的边际项会随着 θ 而波动，当 θ 越小则边际项越小，并在 $\theta=0$ 时完全消失。这导致当 C_1 和 C_2 非常相似时，边际项太小而无法发挥正则的作用。另外，A-Softmax 需要依赖精心设计的单调递增函数来引入边际项，这也导致模型训练困难。与 A-Softmax 在角度空间中加入边际项不同，大边际余弦损失函数通过在余弦空间中加入边际项，更直观地对决策空间进行约束。如图 7.5 所示，其决策边界定义如下：

$$C_1:\cos(\theta_1)>\cos(\theta_2)+m \tag{7-22}$$

$$C_2:\cos(\theta_2)>\cos(\theta_1)+m \tag{7-23}$$

C_1 通过最大化 $\cos(\theta_1)$ 并最小化 $\cos(\theta_2)$，来实现大边际分类器的训练，反之 C_2 亦是如此。在图 7.5 中的两条虚线分别为 C_1 和 C_2 的决策边界。在余弦空间中，可以清晰地看到两个决策边界的距离为 $\sqrt{2}m$。因此，与 N-Softmax 和 A-Softmax 相比，LMCL 的决策边界更为鲁棒，不会受到输入扰动所影响，且边际项不会随 θ 而波动，能稳定地对模型起到正则化的作用。

由于检测未知意图与其上下文密切相关，依然通过局部异常因子(LOF)来进行未知意图检测。首先，通过 LMCL 训练大边际神经网络分类器，并将其作为特征提取器，获得类内紧凑、类间分离的意图表示。其次，通过 LOF 算法对意图表示建模，LOF 算法可以有效地在局部密度的上下文中检测未知意图，其物理含义为：如果一个样本的局部密度显著低于其 k 个最近邻的局部密度，则该样本更有可能是未知意图。关于 LOF 的详细算法描述请参见 5.2.3 节。

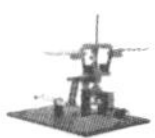

7.3 实　　验

7.3.1　任务与数据集

该任务依然是未知意图检测，并在两个公开的基准对话数据集上进行实验，分别为 SNIPS 个人语音助手和 ATIS 航空公司旅行信息系统[117]。具体的数据集描述以及统计信息请参见 5.3.1 节，在此不再赘述。

7.3.2　实验设置

采用和先前研究[31,37]相同的实验条件，将部分训练集中的类别设置为未知，被设置为未知类别的样本相当于是未知意图，不会参与模型训练，在测试时，目标是检测出这些未知意图样本。因此，将训练集中已知类别占所有类别的百分比设置为 25%、50%和 75%，并使用所有类别的样本进行测试。

为了在类别不均衡的数据集上进行合理的评估，该实验通过不放回加权随机抽样法，来随机选择已知类别。如果某类别拥有更多样本，则该类别更有可能被选为已知类。同时，样本较少的类别仍然有一定概率被选中。其他被视为未知类别的样本，在训练和验证集中将其删除。

1. 基线方法

将所提出的方法与其他未知意图检测方法进行比较，包含当前性能最优的方法和所提出方法的变体。

(1) **MSP**[38]：MSP 首先计算样本的 Softmax 后验概率，取其中的最大值作为置信度分数，并通过验证集来设置最佳的置信度阈值。如果该样本不属于任何已知意图，则其分数会更低。由于在实验设置中，训练集和验证集中并没有未知意图的样本，无法对阈值调参，因此，这里将其阈值设置为 0.5，作为最简单的基线方法。

(2) **DOC**[37]：DOC 是目前在此类问题上性能最佳的方法。首先，DOC 把输出层的激活函数设置为 Sigmoid 函数，再通过统计方法来计算每个类别的概率阈值，缩紧决策边界，如果样本的后验概率皆低于阈值，则将其视为未知意图。

(3) **DOC(Softmax)**：DOC 的一种变体方法，用 Softmax 激活函数代替了 Sigmoid 激活函数。

(4) **LOF(Softmax)**：所提出方法的一种变体，使用 Softmax 交叉熵损失函数来训练特征提取器，而非 LMCL。

2. 超参数设置

通过 GloVe[14]预训练的词向量①用于初始化嵌入层。将 BiLSTM 模型的隐状态输出维度设为 128、最大训练迭代次数设为 200,并根据损失函数值设定提前中止训练条件,避免模型过拟合。

对于 LMCL 和 LOF,皆采用其论文中的原始设置。根据先前研究[107]推荐,将缩放因子 s 设置为 30,并将边际项 m 设置为 0.35。使用 Macro-F1 作为评价指标,并报告 10 次运行的平均结果。

7.3.3 实验结果与分析

实验结果如表 7.1 所示。首先,在所有设置下,所提出的 LOF (LMCL)方法性能优于所有的基线方法。与 DOC 相比,所提出的方法将 SNIPS 上的 Macro-F1 分数在 25%、50%和 75%的设置下分别提高了 6.7%、16.2%和 14.9%。实验结果证实了所提出的两阶段未知意图检测方法的有效性。

表 7.1 在 SNIPS 和 ATIS 数据集上进行未知意图检测的 Macro-F1 分数 %

已知意图百分比	SNIPS			ATIS		
	25%	50%	75%	25%	50%	75%
MSP	0.0	6.2	8.3	8.1	15.3	17.2
DOC	72.5	67.9	63.9	61.6	62.8	37.7
DOC (Softmax)	72.8	65.7	61.8	63.6	63.3	38.7
LOF (Softmax)	76.0	69.4	65.8	67.3	61.8	38.9
LOF (LMCL)	79.2 *	84.1**	78.8**	69.6 *	63.4	39.6

* 与最佳基线方法相比,具有统计学意义的显著差异($p<0.05$);

** 与最佳基线方法相比,具有统计学意义的显著差异($p<0.01$)。

其次,所提出方法的性能也优于 LOF(Softmax)。如图 7.6 所示,在 SNIPS 数据集上对 Softmax 和 LMCL 所学习的深度意图表示进行 t-SNE[114]可视化分析。相较于 Softmax 交叉熵损失函数,通过 LMCL 进行训练的神经网络分类器,确实能够学到类内紧凑、类间分离的深度特征表示,这对 LOF 算法在检测未知意图时非常有帮助。

在 ATIS 数据集上可以观察到,不论是哪个未知意图检测算法,性能都会随着已知意图的增加而急剧下降。这是因为 ATIS 的意图皆属于航空领域,不同意图的句子在语义上过于相似(例如查询航班信息和查询航班编号),导致未知意图在语义上有部分和已知

① http://nlp.stanford.edu/projects/glovel。

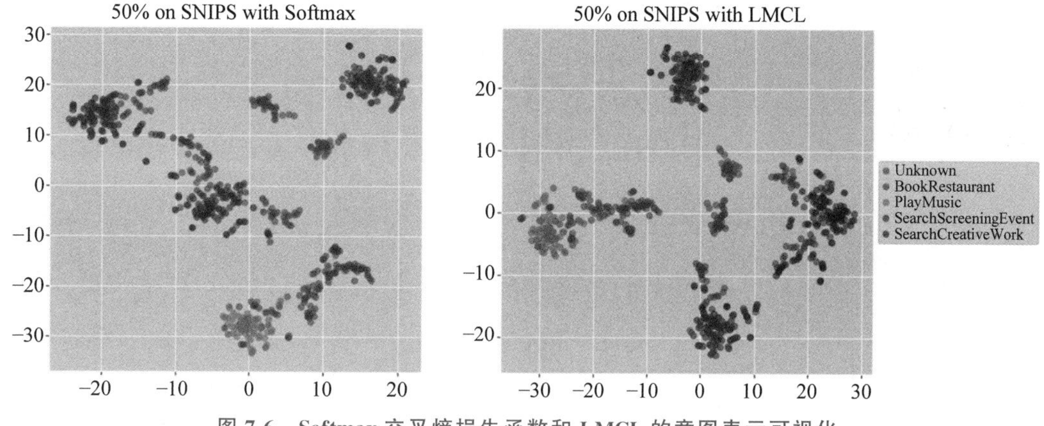

图 7.6　Softmax 交叉熵损失函数和 LMCL 的意图表示可视化

意图重叠，错误地将未知意图判断为已知意图，进而导致检测性能变差。

最后，与 ATIS 数据集相比，所提出方法在 SNIPS 数据集上有更显著的性能提升。由于 SNIPS 数据集的意图来自不同领域，已知意图之间存在较大差异，这导致分类器仅需要学习简单的决策边界即可正确分类。而通过大边际余弦损失函数取代 Softmax 交叉熵损失函数，迫使分类器在学习决策边界时必须考虑边际项，在最小化类内方差的同时最大化类间方差，提高决策边界的鲁棒性，从而获得更鲁棒的意图特征表示。

7.4　本章小结

本章提出了一个用于检测未知意图的两阶段方法。首先，使用 BiLSTM 分类器作为特征提取器。其次，用大边际余弦损失函数取代 Softmax 交叉熵损失函数，要求神经网络分类器在学习决策边界时必须满足边际项，促使模型最小化类内方差和最大化类间方差，进而获得类内紧凑、类间分离的深度意图表示。最后，通过 LOF 算法来检测未知意图。

此外，在两个公开的基准对话数据集上对算法进行评价。实验结果表明，与基准方法相比，所提出的方法都达到了在该数据集上的最佳效果。该方法有效结合深度学习与传统异常检测算法的优势，大幅提升了未知意图检测的性能。同时，通过 t-SNE 可视化对深度意图表示进行深入分析，实验结果表明，所提出的方法确实可以学到类内紧凑、类间分离的深度意图表示，验证了大边际余弦损失函数应用于未知意图检测的有效性。

第8章 基于动态约束边界的未知意图检测方法

8.1 引　言

第6章介绍了基于深度度量学习的对话意图发现模型，该模型能够获得深度意图特征和有区分性的分类概率，但是分类结果很大程度上仍取决于分类概率阈值的选取。概率阈值作为已知意图决策边界对于开放分类结果起着重要作用。因此，如何获得合适的决策边界是对话意图发现的至关重要的问题。本章将探索基于动态约束边界的对话意图发现模型。

后续章节安排如下，8.2节介绍基于动态约束边界的对话意图发现模型的框架结构；8.3节介绍动态约束边界的定义；8.4节介绍深度意图特征学习方法；8.5节介绍约束边界学习方法；8.6节介绍模型的训练和预测方法；8.7节介绍基于动态约束边界的对话意图发现；8.8节为本章小结。

8.2 模型的框架结构

基于动态约束边界的对话意图发现模型的框架结构如图8.1所示。首先，利用预训练BERT语言模型的最后一层输出做平均池化操作，计算意图原始特征表示。对于已知意图的类内全部样本取平均计算得到对应类簇中心向量。其次，利用交叉熵损失和约束中心损失进行联合训练，学习深度意图特征。再次，优化决策边界进一步减小开放空间风险，约束边界和意图特征交互式学习直到二者收敛。最后利用学习到的约束边界进行意图分类。

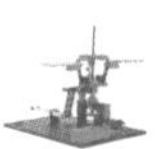

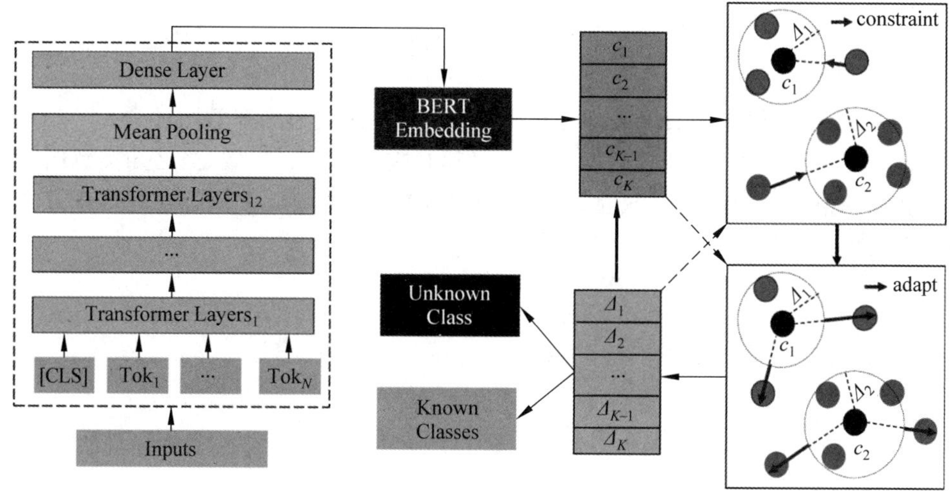

图 8.1　基于动态约束边界的对话意图发现模型的框架结构

8.3　动态约束边界的定义

开放分类的目标是减小开放空间风险[36]，定义开放空间风险 $R_o(f)$ 如下：

$$R_o(f)=\frac{\int_O f_y(x)\mathrm{d}x}{\int_{S_o} f_y(x)\mathrm{d}x} \tag{8-1}$$

其中，f 为分类函数；O 为开放空间区域；S_o 为包含开放空间和全部已知类意图的区域。开放空间风险为未知类意图标注为已知类意图的样本数量与全部标注为已知类意图样本数量的比值。但是由于训练阶段无法获得未知类意图，只能通过找寻尽可能紧凑的封闭空间决策边界使得测试阶段的开放空间风险降到最低。

对于已知意图类簇中心 $C=\{C_1,C_2,\cdots,C_K\}$，定义约束边界 $\Delta=\{\Delta_1,\Delta_2,\cdots,\Delta_k\}$，则标签为 y 的样本 x 应满足约束条件：

$$\|\boldsymbol{x}-C_y\|_2\leqslant\Delta_y \tag{8-2}$$

其中，$\|\cdot\|_2$ 为欧几里得距离。理想情况下，未知类意图样本 $\boldsymbol{x}_{\text{unk}}$ 应满足：

$$\|\boldsymbol{x}_{\text{unk}}-\{C_j\}_{j=1}^{K}\|_2>\Delta_j \tag{8-3}$$

即未知类意图样本应落在全部 K 个簇中心的约束边界之外。通过这样的定义，已知类意图的样本被约束在以其对应类簇中心为球心、约束边界为半径的超平面区域内。因此，明确定义开放空间为：

$$O=S_o-\sum_{k=1}^{K}\Omega_k \tag{8-4}$$

其中，Ω_k 为以 C_k 为簇中心、Δ_k 为半径包围的空间区域；K 为已知意图种类。

随着训练过程的进行，意图特征不断朝着其对应类簇中心收敛，当已知类意图所在区域小于静态约束边界包围的区域时，会增加开放空间风险，因此利用神经网络学习紧凑的动态边界约束：

$$\Delta_k=\log(1+e^{\widehat{\Delta_k}}) \tag{8-5}$$

其中，$\widehat{\Delta_k}$ 为第 k 类约束边界的对应参数。

8.4 深度意图特征学习

利用预训练 BERT 语言模型抽取原始意图特征 $f_\theta(\boldsymbol{x})$，对每一类别的全部向量取平均得到对应类的簇中心向量 $\boldsymbol{c}_k$。

为了使动态约束边界能更好地发挥作用，需要学习到类内紧凑、类间远离的深度意图表示。从几何意义上来说，希望意图样本与其所在类簇中心的欧几里得距离小于其对应的约束边界。但是由于初始簇中心未经过训练，无法作为准确的学习目标，因此无法直接优化欧几里得距离。论文[118]中指出，只利用交叉熵损失训练得到的特征表示较为分散，特征区分性不够强，类内方差比较大，将交叉熵损失和中心损失结合起来会在保证类间特征彼此分离的同时减小类内方差。

类似地，选择将交叉熵损失和约束中心损失结合起来进行联合训练。提出的约束中心损失如下：

$$\text{Loss}_c=\sum_{i=1}^{N}\max(\|f_\theta(\boldsymbol{x}_i)-\boldsymbol{c}_{y_i}\|_2-\Delta_{y_i},0) \tag{8-6}$$

其中，y_i 是第 i 个样本 x_i 对应的意图标签。联合训练目标损失函数如下：

$$\begin{aligned}\text{Loss}&=\text{Loss}_S+\lambda\cdot\text{Loss}_c\\&=-\sum_{i=1}^{N}\log\frac{e^{\boldsymbol{W}_{y_i}^{\mathrm{T}}f_\theta(\boldsymbol{x}_i)+b_{y_i}}}{\sum_{j=1}^{n}e^{\boldsymbol{W}_j^{\mathrm{T}}f_\theta(\boldsymbol{x}_i)+b_j}}+\lambda\sum_{i=1}^{N}\max(\|f_\theta(\boldsymbol{x}_i)-\boldsymbol{c}_{y_i}\|_2-\Delta_{y_i},0)\end{aligned} \tag{8-7}$$

通过联合训练，保证不同类样本特征彼此分离的同时，每类样本被约束在其所在类簇中心的约束边界内，进一步减小类内方差，得到有区分性的特征表示。

8.5　约束边界学习

在 8.3 节中明确了约束边界的形式，目标是针对已知类意图学习到紧凑的决策边界。因此，定义如下约束边界目标损失函数：

$$\text{Loss}_b = \sum_{i=1}^{N} \mid d(\boldsymbol{z}_i, \boldsymbol{c}_{y_i}) - \Delta_{y_i} \mid \tag{8-8}$$

其中，$d(\cdot)$为欧几里得距离。值得注意的是，只优化约束边界参数 $\widehat{\Delta}=\{\widehat{\Delta_1},\widehat{\Delta_2},\cdots,\widehat{\Delta_k}\}$，不优化意图特征 $\boldsymbol{z}$ 和簇中心向量 $\boldsymbol{c}$ 等参数。当 $d(\boldsymbol{z},\boldsymbol{c}_y)-\Delta_y>0$ 时，即约束边界过小、已知类样本落在开放空间内，需要适应性增加约束边界，反之则需要减小约束边界，更新边界参数如下：

$$\begin{aligned}\widehat{\Delta} &:= \widehat{\Delta} - \eta \frac{\partial\, \text{Loss}_b}{\partial \widehat{\Delta}} \\ &:= \widehat{\Delta} - \delta(d,\Delta)\cdot\eta\cdot\frac{1}{1+\mathrm{e}^{-\widehat{\Delta}}}\end{aligned} \tag{8-9}$$

满足条件：

$$\delta(d,\Delta)=\begin{cases}1, & d<\Delta \\ 0, & d=\Delta \\ -1, & d>\Delta\end{cases} \tag{8-10}$$

其中，d 为意图特征 $\boldsymbol{z}$ 与簇中心 c 的欧几里得距离；η 为约束边界参数的学习率。通过训练目标动态调整参数使得大部分样本被约束在相对紧凑的边界内，从而降低开放空间风险。

8.6　训练及预测

8.6.1　交互式训练

意图特征在训练初期比较分散，随着训练迭代次数的增加，特征表示逐渐收敛并趋于稳定，但是最终收敛结果无法预知，因此在 8.4 节中提出将交叉熵损失和中心约束损失结合起来，保证已知意图约束在簇中心的边界范围内。

经过随机初始化的约束边界在训练初期往往要小于离散的意图特征分布的空间范围，而随着训练迭代次数的增加，约束边界又有可能变得较大。因此，在 8.5 节中提出了动态适应约束边界损失函数，使得约束边界能够收敛到稳定的值附近。

由于意图特征表示需要边界约束，约束边界同时需要相对稳定的意图特征空间范围作为学习目标，因此选择将二者交互迭代训练，每轮迭代首先结合式(8-7)训练意图特征，然后利用当前意图特征计算簇中心同时训练约束边界参数，随着迭代次数的增加，意图特征和约束边界均收敛到相对稳定的状态，如图 8.2、图 8.3 所示。

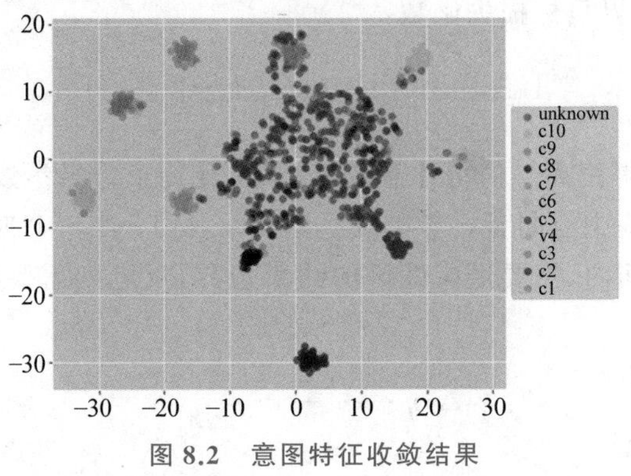

图 8.2 意图特征收敛结果

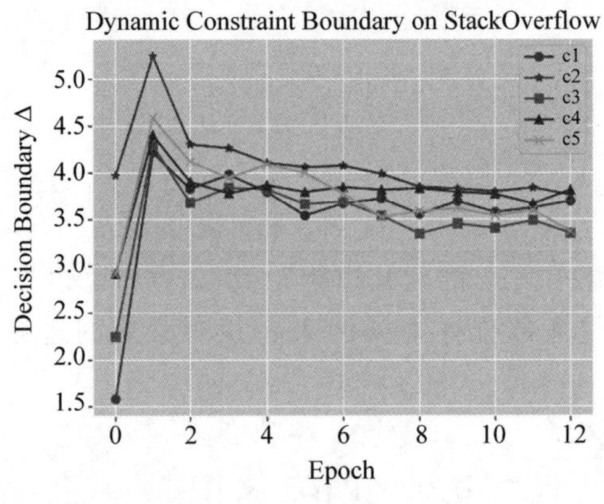

图 8.3 约束边界收敛结果

8.6.2 基于动态约束边界的意图预测

在预测阶段，通过神经网络学习到的已知类意图决策边界区分开放意图和已知意图，预测方法如下：

$$\hat{y}=\begin{cases}\text{unknown}, \text{if } \| \boldsymbol{z}, \boldsymbol{c}_j \|_2 > \Delta_j, & \forall j \in \{1,2,\cdots,K\} \\ \text{argmin}_j \ \| \boldsymbol{z}, \{\boldsymbol{c}_j\}_{j=1}^{K} \|_2, & \text{其他}\end{cases} \tag{8-11}$$

其中，$d_j = \| \boldsymbol{z}, \boldsymbol{c}_j \|_2$，表示意图特征 $\boldsymbol{z}$ 与第 j 个簇中心之间的欧几里得距离。

如图 8.4 所示，对于 K 个已知类，将落在任意簇中心约束边界范围内的意图识别为对应已知类意图，没有落在任何簇中心边界范围内的意图则识别为未知意图。

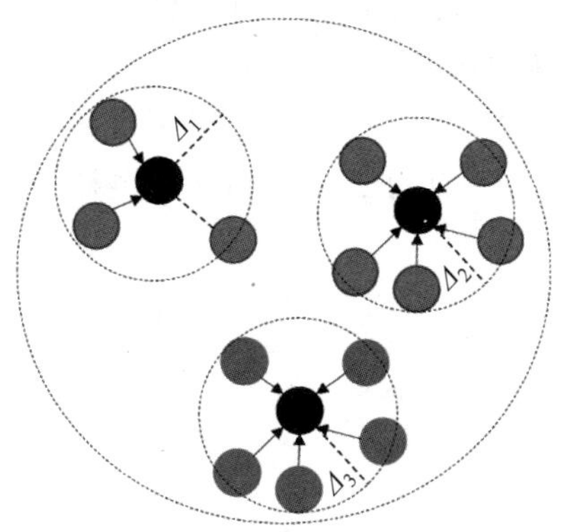

图 8.4　基于动态约束边界的意图预测

8.7　基于动态约束边界的对话意图发现

8.7.1　实验数据集

使用意图识别领域的两个公开数据集 StackOverflow 和 OOS 对所提出模型进行评估和测试，两个数据集在 6.7.1 节已经具体介绍，数据集统计信息如表 8.1 所示。

表 8.1　数据集统计信息

数据集	类别数	#训练集	#验证集	#测试集	词汇表	最大/平均长度
StackOverflow	20	12 000	2000	6000	17 182	41/9.18
OOS	150	13 500	2250	7950	7447	28/18.42

注：#代表统计样本数量。

数据划分与 6.7.1 节提到的数据划分方式略有不同，将测试集比例增大，进一步验证所提出模型效果，采用类似于论文[37]中提到的数据划分方式，训练集、验证集和测试集的数据比例为 60%、10%和 30%。其中，OOS 由于包含 1200 条领域外意图数据，将其合并到测试集中作为未知意图。

8.7.2　评估方法

利用常见的两种评估指标 F1 值(F1-score)和准确率(Accuracy)来评估模型的性能。其中准确率的计算方式如下：

$$\text{Accuracy}=\frac{\text{TP}+\text{TN}}{P+N} \tag{8-12}$$

其中，P 代表已知意图的数量；N 代表未知意图的数量；TP 代表已知意图预测正确的数量；TN 代表未知意图预测正确的数量。

F1 值的计算方式在 6.7.2 节已详细阐述，这里不再赘述。为了更好地判断模型在已知类和未知类上的性能表现，分别针对已知类和未知类计算 F1 值（实验中将未知类标记为最后一类），计算方式如下：

$$\text{F1}_{\text{Seen}}=\frac{1}{N-1}\sum_{i=1}^{N-1}\text{F1}_{C_i} \tag{8-13}$$

$$\text{F1}_{\text{Unseen}}=\text{F1}_{C_N} \tag{8-14}$$

8.7.3 基准方法

同样利用 6.7.3 节中提到的 MSP、DOC 和 LMCL＋LOF 作为基准方法，此外补充一种计算机视觉领域常见的开放集识别方法 OpenMax。

Bendale 等人在论文[33]中提出了一种预测未知意图概率的方法。将神经网络倒数第二层激活向量和簇中心的欧几里得距离通过极值理论拟合韦伯模型参数，再通过韦伯分布获得分类概率。

8.7.4 参数设定

同样利用 PyTorch 执行的 BERT-base 作为神经网络主体框架，参数细节见 6.7.4 节，值得注意的是，约束边界往往需要较大的学习率才能保证较快收敛，设置边界参数学习率为 0.5，联合训练目标平衡系数 λ 设置为 0.5。

由于缺乏未知样本用于调参，MSP 和 OpenMax 的分类阈值设置为 0.5。OpenMax 的实验参数和原文基本一致[33]（韦伯分布 TailSize 设置为 20）。

8.7.5 实验结果与分析

主实验结果如表 8.2、表 8.3 所示，该实验提出的方法为 DCB，针对已知类别比例 75%时已知类、未知类和全部类的宏观 F1 值和准确率进行了评估。基于动态约束边界的方法在两个数据集的所有评价指标中都取得了最好结果。与预期相符，所有方法在已知类 F1 值上均有较好表现，该实验所提出的方法能够获得相对紧凑的约束边界使得已知意图分类效果更好。然而对于未知类 F1 值，所有基线方法在 StackOverflow 数据集上的表现都比较糟糕，该实验所提出的方法比最好的基线方法仍高出 20%；OpenMax 和 LMCL＋LOF 方法在 OOS 数据集上取得了较好表现，但是效果仍然低于该方法。全部

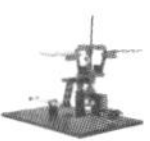

类F1值和准确率Acc相对客观地反映整体分类性能，该实验所提出的方法在StackOverflow数据集比最好的基线实验结果分别高出5.67%和3.46%，在OOS数据集分别高出2.87%、5.28%。上述结果表明，即使在没有未知样本参与训练的情况下，通过针对已知类意图学习紧凑的约束边界仍然能够在保证已知类意图准确分类的同时有效识别开放类意图。

表8.2　已知类别比例75%（OOS数据集的实验结果）

方　法	准确率Acc	全部类F1值	已知类F1值	未知类F1值
MSP	78.72	86.27	86.49	62.29
DOC	84.53	89.28	89.39	76.92
OpenMax	82.76	83.93	83.96	80.73
LMCL+LOF	84.72	88.29	88.37	79.33
DCB	90.40	92.15	92.19	87.74

表8.3　已知类别比例75%（StackOverflow数据集的实验结果）

方　法	准确率Acc	全部类F1值	已知类F1值	未知类F1值
MSP	72.43	78.76	82.11	28.49
DOC	70.98	77.39	81.15	21.09
OpenMax	77.07	82.83	85.08	49.13
LMCL+LOF	70.44	76.99	80.57	23.27
DCB	82.74	86.29	87.18	72.95

对比实验如图8.5所示，分别对比了已知类比例和标注比例对模型实验结果（全部类F1值）的影响。首先，对不同方法在StackOverflow数据集上得到的实验结果进行分析。在已知类别比例为25%时，除OpenMax之外的基准方法均效果不佳。OpenMax虽然较优，但是受不同标注比例影响较大，在标注较少时效果与其他基准方法接近，且在不同标注比例设置下效果均低于该实验所提出的方法。随着已知类别比例增加，基准方法与该实验所提出的方法的实验结果差距在减小，原因在于已知类识别准确性逐渐起主导作用。但是该实验所提出的方法仍优于其他基准方法。

其次，对不同方法在OOS数据集得到的实验结果进行分析。可以明显观察到，OpenMax方法受有标注数据比例影响很大，虽然在标注比例为100%时能够与最好的模型效果相媲美，但是随着有标注数据比例减小，实验结果明显下降。类似地，LMCL+LOF在标注比例很小时也存在性能下降的缺点。OpenMax和LMCL+LOF两类方法在标注比例为100%、已知类比例为75%时，识别未知意图的效果比较理想（见表8.3），但是模型在提高发现未知意图性能的同时也降低了识别已知意图的能力，由于识别已知意

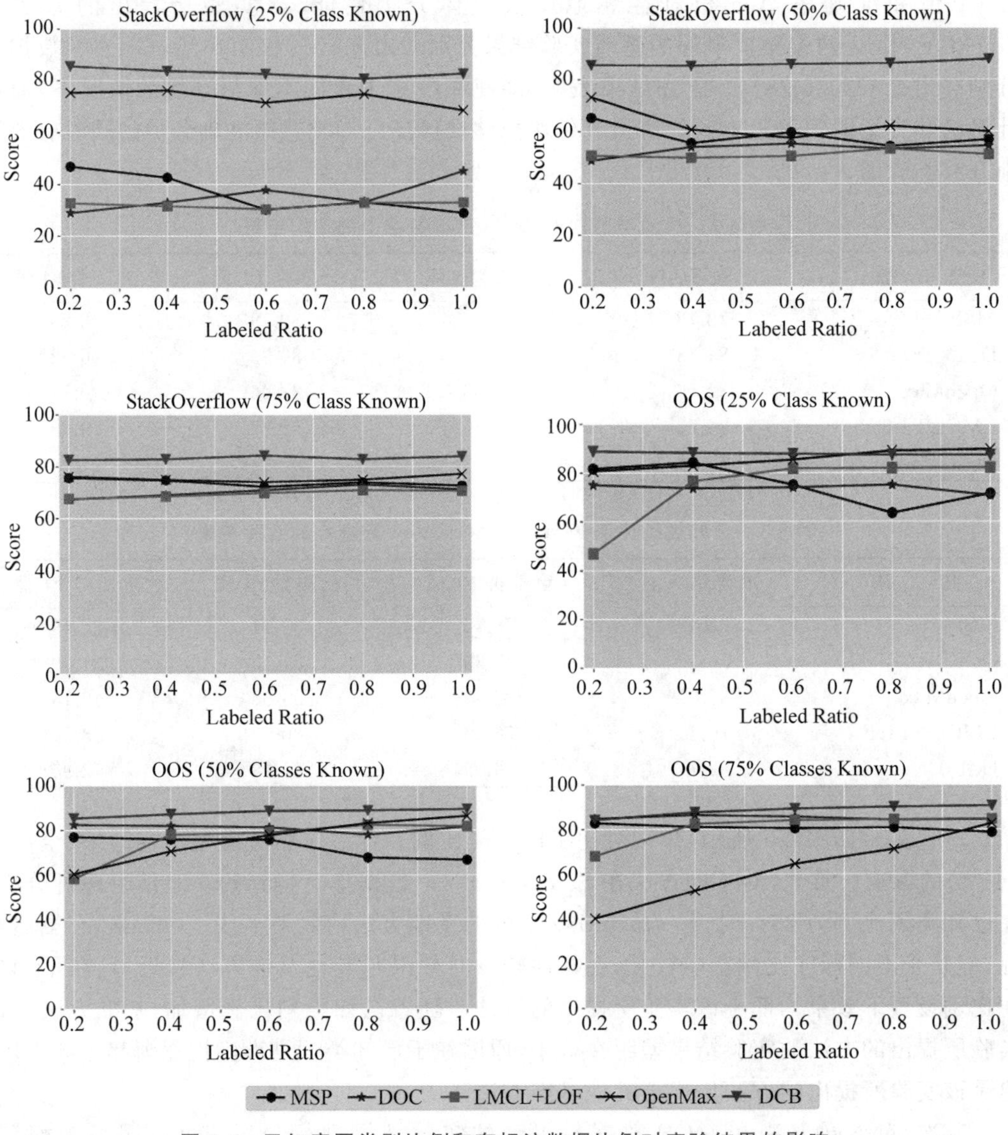

图 8.5　已知意图类别比例和有标注数据比例对实验结果的影响

图的能力对于意图类别较多的 OOS 数据集尤为关键，因此在标注比例下降时模型性能会有所下滑。

综上，该实验所提出的方法在不同类别比例和不同标注比例下都取得了比较稳定的效果，具有很强的鲁棒性。

8.8 本章小结

本章提出了一种基于动态约束边界的对话意图发现方法。同样利用预训练 BERT 语言模型抽取意图特征并计算簇中心向量，由于没有未知意图样本用于训练或调参，只能通过学习相对紧凑的已知类意图约束边界减小测试阶段存在的开放空间风险。利用簇中心及其对应的约束边界获得训练意图特征，同时结合当前学习到的意图特征学习紧凑的约束边界，二者交互式训练直到特征表示和约束边界均达到收敛状态。

该实验所提出的方法克服了静态置信度阈值需要人工筛选、缺乏稳定性的问题，在没有未知意图样本用于训练的情况下学习得到相对稳定、紧凑的决策边界，取得了较好效果，同时为开放分类问题提供了新颖的解决思路。

本篇小结　未知意图检测是对话系统中相当重要且具有挑战性的研究问题，本篇的重点是利用深度神经网络的强大特征提取能力，来更好地发现未知意图。

首先，为了使神经网络分类器具备检测未知意图的能力，提出了基于模型后处理的未知意图检测方法 SMDN，该方法允许任意神经网络分类器在不修改模型架构的情况下检测未知意图。方法分为两个部分。第一个是通过概率阈值来检测未知意图，研究并提出了 Softermax 激活函数，通过温度缩放校正分类器输出的样本置信度，以获得更合理概率分布和阈值。第二个是将深度意图表示与基于密度的异常检测算法结合，进行未知意图检测。最后，结合以上两个部分进行联合预测。实验结果表明，这种方法不仅泛化性强，适用于单轮和多轮对话场景，并且可以有效地提升未知意图检测任务的性能。

为了进一步学习到不同意图之间的深层关系，本篇通过深度度量学习方法最大化类间方差、最小化类内方差，将深度意图特征蕴含的距离信息转化成有区分特点的分类置信度从而更好地通过阈值区分未知意图。

其次，本篇进一步在神经网络分类器中引入大边际余弦损失函数，取代 Softmax 交叉熵损失函数，强迫模型在学习决策边界的同时必须考虑边际项惩罚，在最大化类间方差的同时最小化类内方差，从而获得类间分离、类内紧凑的意图表示，使得未知意图能够更容易被检测出来。实验结果表明，本篇所介绍的方法超越了所有基线算法，并取得了当前最佳性能。

由于静态阈值作为决策边界可能会引入更多的开放空间风险，本篇还针对每一类别的意图特征学习紧凑、具有适应性的决策边界，通过将决策边界外部定义为开放空间区域有效识别未知意图。

第四篇

未知意图发现

本篇针对未知意图的发现(Discovery of New Intents)这一挑战性的问题,介绍了一种基于自监督约束聚类的未知意图类型发现方法。在成功将未知意图和已知意图分离后,本篇更关心具体到底发现了哪几种类型的未知意图。由于大多数的对话数据都缺乏标注,本篇探索性地尝试通过聚类算法来发现未知意图类型。然而,在缺乏先验知识的引导下,无监督聚类算法很难获得理想的聚类结果,因为同一组数据可能有多种不同的聚类划分方式。因此,本篇将未知意图类型发现定义为半监督聚类问题,并提出了自监督约束聚类算法。

第9章 基于自监督约束聚类的未知意图发现模型

9.1 引言

第三篇通过未知意图检测方法,已经成功将未知类型的未知意图和已知意图分离。然而,人们更关心的是具体发现了哪些未知意图。由于大多数的对话数据都没有标注,因此有效的聚类方法可以帮助我们自动找到合理的分类体系。但问题并非如此简单,首先,未知意图的确切数量难以估计。其次,意图的分类体系通常是根据人为经验所定义的,且有多种划分标准,在缺乏先验知识的引导下,很难得到理想的聚类结果。最后,现有的算法不仅需要大量的特征工程,也多以流水线方式进行意图表示学习和聚类中心分配,导致模型聚类性能不佳、泛化性差。

为了解决这些问题,本书介绍了基于自监督约束聚类的未知意图发现模型CDAC+,一个基于神经网络的端到端聚类算法。首先,CDAC+算法在聚类过程中共同优化意图表示和簇中心分配,省去了烦琐的特征工程。其次,CDAC+利用少量标注数据作为先验知识引导聚类过程,大幅提升聚类性能。最后,CDAC+通过聚类精炼模块来消除低置信度的簇中心分配,使算法对聚类中心数不敏感。

本章后续安排如下。9.2节介绍所提出的基于自监督约束聚类的未知意图发现模型;9.3节介绍实验结果和分析,探讨所提出算法在不同设置下的性能表现,包括不同的聚类中心数、有标注数据比例、未知类别比例和不平衡数据;9.4节是本章小结。

9.2 用于自监督的约束聚类方法

本书介绍的CDAC+方法分为3个步骤。首先,使用预训练的Transformer双向编码器(BERT)[24]获得意图表示。其次,通过构造成对相似二分类任务作为聚类的替代任务,学习对聚类友好的意图表示,并将少量标注数据转化为成对约束并视为先验知识来引导聚类过程。最后,通过聚类精炼模块,消除低置信度的簇中心分配,鼓励模型向高置信度的簇中心分配学习。本章所讨论的模型架构如图9.1所示。

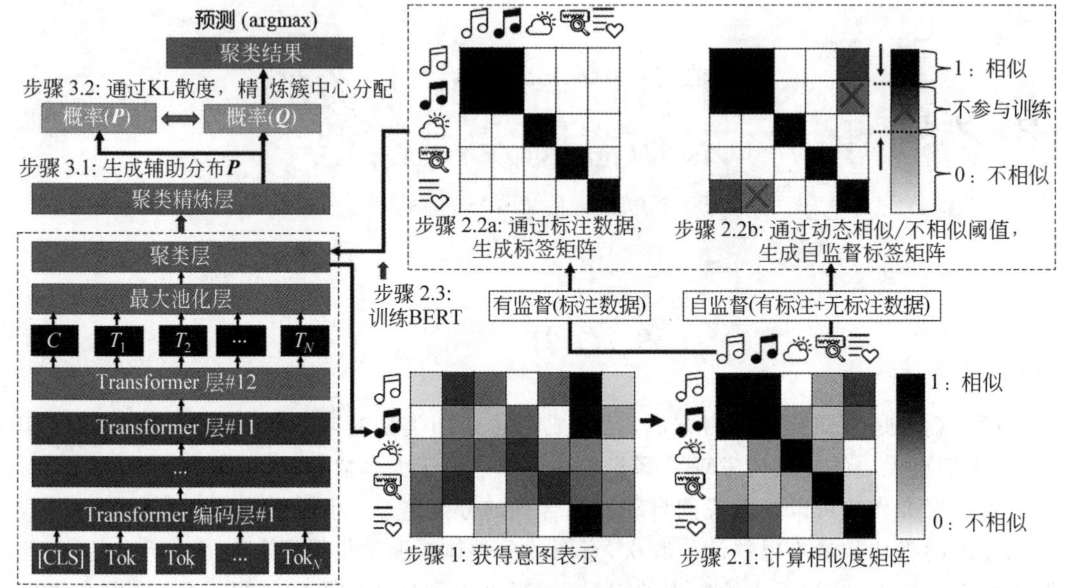

图 9.1 CDAC＋算法的模型架构

9.2.1 Transformer 双向编码器

首先，通过 Transformer 双向编码器(BERT)来获取意图表示。给定语料库中的第 i 个句子 $\boldsymbol{x}_i$，取出句子在 BERT 输出层的所有词向量 $[C, T_1, T_2, \cdots, T_N] \in \mathbf{R}^{(N+1)\times H}$，并进行均值池化操作，以获得平均表示 $e_i \in \mathbf{R}^H$：

$$e_i = \text{mean} - \text{pooling}([C, T_1, T_2, \cdots, T_N]) \tag{9-1}$$

其中，N 是句子的最大序列长度；H 是输出层向量维度。将 $\boldsymbol{e}_i$ 输入到聚类层 g 后，可获得意图表示 $\boldsymbol{I}_i \in \mathbf{R}^k$：

$$g(\boldsymbol{e}_i) = \boldsymbol{I}_i = \boldsymbol{W}_2(\text{Dropout}(\tanh(\boldsymbol{W}_1 \boldsymbol{e}_i))) \tag{9-2}$$

其中，$\boldsymbol{W}_1 \in \mathbf{R}^{H\times H}$ 和 $\boldsymbol{W}_2 \in \mathbf{R}^{H\times k}$ 为可学习的参数，而 k 是聚类中心数。通过聚类层来对高阶特征进行归纳分组，并提取意图表示 $\boldsymbol{I}_i$ 作为下一个模块的输入。

9.2.2 成对相似性预测

聚类的本质是通过将相似的样本分为同一组，使得相同子集内的样本间彼此具有相似的属性[98,119]。因此，在先前研究的基础上[50]，此方法将聚类问题重新构造为成对分类任务。通过判断句子对之间是否相似，使模型学到对聚类友好的意图表示。首先，使用意

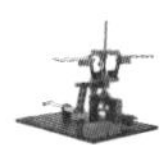

图表示 $\boldsymbol{I}$ 计算相似度矩阵 $\boldsymbol{S}$：

$$S_{ij}=\frac{\boldsymbol{I}_i I_j^{\mathrm{T}}}{\|\boldsymbol{I}_i\|\ \|\boldsymbol{I}_j\|} \tag{9-3}$$

其中，$\|\cdot\|$ 是 L2 范数；$i,j\in\{1,2,\cdots,n\}$，n 为训练的批量大小；S_{ij} 表示句子 $\boldsymbol{x}_i$ 和句子 $\boldsymbol{x}_j$ 之间的相似度。接着，通过交替进行有监督和自监督学习步骤，逐步优化模型。

1. 有监督学习步骤

给定少量有标注数据，构造成对相似与否的标签矩阵 $\boldsymbol{R}$ 如下：

$$R_{ij}=\begin{cases}1, & y_i=y_j\\ 0, & y_i\neq y_j\end{cases} \tag{9-4}$$

其中，$i,j\in\{1,2,\cdots,n\}$。接着，通过相似度矩阵 $\boldsymbol{S}$ 和标签矩阵 $\boldsymbol{R}$ 来计算相似度损失 $\mathcal{L}_{\text{sim}}$ 如下：

$$\mathcal{L}_{\text{sim}}(R_{ij},S_{ij})=-R_{ij}\log(S_{ij})-(1-R_{ij})\log(1-S_{ij}) \tag{9-5}$$

其中，将有标注数据转化为标签矩阵并视为先验知识，通过样本对是否相似的二分类任务，教导模型应如何划分数据，进而引导聚类过程。

2. 自监督学习步骤

首先，通过对相似矩阵 $\boldsymbol{S}$ 和动态概率阈值，可得到自监督标签矩阵 $\hat{\boldsymbol{R}}$：

$$\hat{\boldsymbol{R}}_{ij}:=\begin{cases}1, & S_{ij}>u(\lambda)\text{ 或 }y_i=y_j\\ 0, & S_{ij}<l(\lambda)\text{ 或 }y_i\neq y_j\\ \text{其余情况}, & \text{不参与损失值的计算}\end{cases} \tag{9-6}$$

其中，$i,j\in\{1,2,\cdots,n\}$。动态上阈值 $u(\lambda)$ 和动态下阈值 $l(\lambda)$ 用于判断句子对是否相似。为了降低错误的自监督标注对模型训练的影响，相似度介于 $u(\lambda)$ 和 $l(\lambda)$ 之间的句子对，在本次迭代中不参与损失函数的计算，进而避免模型在不确定句子对是否相似的情况下，在训练初期引入过多噪声标签。在此步骤中，将有标注和无标注数据混合以训练模型。通过有标注数据的参与，可以为带噪声的自监督标签矩阵 $\hat{\boldsymbol{S}}$ 提供部分监督信号，减少错误。

其次，在模型中加入 $u(\lambda)-l(\lambda)$ 作为样本数量的惩罚项：

$$\min_{\lambda} E(\lambda)=u(\lambda)-l(\lambda) \tag{9-7}$$

其中，λ 是控制样本选择的自适应参数，模型迭代更新 λ 的值如下：

$$\lambda:=\lambda-\eta\cdot\frac{\partial E(\lambda)}{\partial\lambda} \tag{9-8}$$

其中，η 表示 λ 的学习率。而 λ 控制动态阈值的改变。其中：

$$\begin{cases} u(\lambda) & \propto & -\lambda \\ l(\lambda) & \propto & \lambda \end{cases} \tag{9-9}$$

通过在训练过程中逐渐增加 λ 来减少 $u(\lambda)$，并增加 $l(\lambda)$，逐渐引入更多的句子对参与损失值计算，同时也为自监督标签矩阵 $\hat{\boldsymbol{R}}$ 带来更多噪声标签。

最后，通过相似度矩阵 $\boldsymbol{S}$ 和自监督标签矩阵 $\hat{\boldsymbol{R}}$ 计算相似度损失 $\hat{\mathcal{L}}_{\text{sim}}$：

$$\hat{\mathcal{L}}_{\text{sim}}(\hat{R}_{ij}, S_{ij}) = -\hat{R}_{ij}\log(S_{ij}) - (1-R_{ij})\log(1-S_{ij}) \tag{9-10}$$

随着阈值的变化，模型将逐渐把困难的句子对纳入损失值的计算过程中，通过迭代的方式来训练模型，以获得聚类友好的意图表示。当 $u(\lambda) \leqslant l(\lambda)$ 时，模型停止迭代并进入聚类精炼阶段。

9.2.3 基于 KL 散度的聚类精炼

通过 Softmax 激活函数对聚类层的意图表示进行归一化，可以得到样本 i 属于聚类中心 j 的概率。然而，使用此方式获得的聚类结果，存在低置信度的簇中心分配问题。样本无法确定自己到底属于哪个聚类中心，并在多个聚类中心上有相似的后验概率。为了解决上述问题，在先前研究的基础上[39]，人们提出了聚类精炼方法，通过 KL 散度和辅助目标分布，以期望最大化方法迭代地优化簇中心分配。通过惩罚低置信度簇中心分配的样本，并鼓励模型向高置信度分配的样本学习，进而大幅提升聚类性能。

首先，给定初始化簇中心 $\boldsymbol{U} \in \mathbf{R}^{k\times k}$ 并保存在精炼层中，计算意图表示和簇中心之间的软分配。具体来说，这里使用学生 t-分布作内核来估计意图表示 I_i 和聚类中心 $\boldsymbol{U}_j$ 之间的相似性。

$$Q_{ij} = \frac{(1+\|\boldsymbol{I}_i - \boldsymbol{U}_j\|^2)^{-1}}{\sum_{j'}(1+\|\boldsymbol{I}_i - \boldsymbol{U}_j\|^2)^{-1}} \tag{9-11}$$

其中，Q_{ij} 表示样本 i 属于聚类中心 j 的概率（软分配）。

其次，通过辅助目标分布 P 迫使模型从高置信度分配中学习，进而优化簇中心分配。辅助目标分布 P 的定义如下：

$$P_{ij} = \frac{Q_{ij}^2/f_i}{\sum_{j'} Q_{ij'}^2/f_{j'}} \tag{9-12}$$

其中，$f_i = \text{sum}_i\, Q_{ij}$ 是簇中心软分配的频率。

最后，最小化 P 和 Q 之间的 KL 散度：

$$\mathcal{L}_{\text{KLD}} = \text{KL}(P \| Q) = \sum_i \sum_j P_{ij}\log\frac{P_{ij}}{Q_{ij}} \tag{9-13}$$

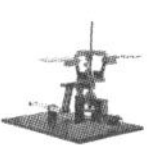

重复上述两个步骤，直到簇中心分配在两次连续迭代中的变化小于 $\delta_{\text{label}}\%$，则停止训练。最后获得聚类结果 $\boldsymbol{c}$ 如下：

$$\boldsymbol{c}_i = \underset{k}{\operatorname{argmax}}\, Q_{ik} \tag{9-14}$$

其中，$\boldsymbol{c}_i$ 是句子 $\boldsymbol{x}_i$ 的所分配到的簇中心。

9.3 实验

9.3.1 任务与数据集

未知意图发现是在已有少量标注样本和已知类别的情况下，具体找出潜在的未知意图类别。本节在3个公开的短文本数据集上进行未知意图类型发现的实验。数据集的详细统计信息如表9.1所示。

表9.1 SNIPS、DBPedia和StackOverflow数据集的统计信息

数据集	类别数量(已知+未知)	训练集	验证集	测试集	词表大小	句长
SNIPS	7(5+2)	13 084	700	700	11971	35
DBPedia	14(11+3)	12 600	700	700	45 077	54
StackOverflow	20(15+5)	18 000	1000	1000	17 182	41

1. SNIPS

SNIPS① 个人语音助手数据集由初创企业SNIPS构建，包含7种常见的用户意图，句子平均长度较短，其中分别有13 084条训练数据、700条验证数据和700条测试数据。由于数据集各个类别的样本分布均衡、标注质量非常好，已被广泛应用于对话意图相关研究。

2. Dbpedia

Dbpedia② 是世界上存储最多知识本体的网站，内容主要来自通过维基百科中提取出来的结构化信息，通过采用与先前研究[57,120]相同的实验设置，通过从Dbpedia2015[121]中选择14种本体类别，并在各个类别随机采样1000个样本，从而构建数据集。

3. StackOverflow

StackOverflow③ 是世界最大的技术开发问答社区，数据集采集自其社区中3 370 528

① https://github.com/snipsco/nlu-benchmark/tree/master/2017-06-custom-intent-engines。

② https://wiki.dbpedia.org/data-set-32。

③ https://github.com/zghzy/short_text_cnn_cluster/tree/master/data。

个技术问题的标题，且横跨 20 个不同的技术领域，最初发布于世界最大的数据科学竞赛平台 Kaggle.com①。通过采用与先前研究[47]相同的数据集预处理方法，对每个类别随机选择 1000 个样本进行降采样，以利于后续更深入的对比实验。

9.3.2 实验设置

每次实验中先随机选择 25%的类别作为未知意图，再选择 10%的样本作为有标注数据。首先，使用训练集中的少量标注数据(包含已知意图)和无标注数据(包含所有意图)来训练模型。其次，在仅包含已知意图的验证集上调整模型参数。最后，在测试集中评估结果。将算法中的簇中心数量设置为真实类别数，并报告每种算法运行 10 次的平均性能。

1. 基线方法

为了验证所提出的约束聚类算法的有效性，将 CDAC+与无监督聚类的经典方法和当前性能最优的方法进行了如下详尽对比。

(1) **K-均值(K-means，KM)**[45]：最经典的聚类算法，通过欧几里得距离最小化集群内方差。给定初始化簇中心，首先，将每个样本分配到距离最近的簇中心。其次，将簇中心更新为该簇内所有样本的平均值。最后，通过期望最大化机制重复上述两步骤，迭代优化簇中心分配，当簇中心分配在两次连续迭代中的变化小于一定比例时，则训练终止。

(2) **层次聚类(AG)**[46]：通过样本间的距离度量，构建树状的聚类层次架构。这里采用由底而上的层次聚类方法，并通过贪心算法进行优化。

(3) **SAE-KM**[48]：先通过堆叠自编码器进行自监督训练，获得文本表示向量，再通过 K-均值算法对表示向量进行聚类。

(4) **DEC**[48]：最经典的深度聚类算法。首先，通过堆叠自编码器进行无监督预训练，获取文本低维表示向量。然后，构建辅助目标分布和 KL 散度，通过期望最大化机制来迭代优化簇中心分配。

(5) **DAC**[50]：本章所提出的是基于 DAC 的改进算法，与本方法相比，DAC 缺少了从预训练模型和少量标注数据迁移先验知识和聚类精炼模块。

(6) **BERT-KM**：基于 BERT 最简单的聚类方法，先取出预训练的 BERT 的输出层的所有词向量，将其取平均后作为句子向量，再通过 K-均值算法进行聚类。

对于 K-均值和层次聚类算法，通过对预训练 Glove[14]词向量取平均，获得 300 维的句子表示向量。除了无监督方法之外，也与半监督聚类的经典方法和目前性能最好的方

① https://www.kaggle.com/stackoverflow/stackoverflow。

法进行比较,从而验证所提出算法的优越性。

(7) **PCK-means**[55]:最经典的半监督聚类方法之一,通过在 K-均值聚类过程中加入必须链接和不可链接,以成对约束的形式提供少量的监督信号。

(8) **BERT-Semi**[56]:半监督 K-均值在神经网络上的拓展算法。通过少量标注数据来维护部分已知意图的簇中心,并在神经网络迭代优化的过程中逐渐发现新的簇中心。

(9) **BERT-KCL**[59]:目前性能最优的神经网络半监督聚类方法。算法分成两个部分。首先,构建相似度预测模块,预测两样本间是否相似。对标注样本进行枚举,并用 KL 散度计算样本间的信息熵,再结合 Hinge 损失函数计算损失,进而优化模型。其次,通过预训练的相似度预测模块,预测两样本间是否相似。先将无标注样本输入至簇中心分配层后进行枚举,并用 Hinge 损失函数进行优化,其中的监督信号由预训练的相似度预测模块所提供。最后簇中心分配层的输出即为聚类结果。

为了客观评价各个算法在未知意图发现任务上的性能,所有基于深度神经网络的聚类算法皆采用 BERT 模型作为骨干网络,并以此为基础进行公平对比。

2. 评价指标

评价指标采用与先前研究[48]相同的实验条件,将每个算法的簇中心数量设置为其真实类别数,并选取 3 个广泛用于聚类任务的评价指标来评估结果,分别为标准化互信息、调整兰德指数和聚类准确率。3 个指标的数值范围都介于 0～1。分数越高,则聚类性能越好。

(1) **标准化互信息(Normalized Mutual Information,NMI)**:互信息通过信息理论角度对聚类结果进行评价,用来评估两个随机变量 X、Y 之间互相依赖的程度。定义如下:

$$I(X;Y)=H(Y)-H(Y\mid X) \tag{9-15}$$

其中,H 是信息熵,定义标准化互信息 NMI 如下:

$$\mathrm{NMI}(X;Y)=\frac{I(X;Y)}{\frac{1}{2}(H(X)+H(Y))} \tag{9-16}$$

其中,$\mathrm{NMI}(X;Y)$标准化互信息的输出值介于 0～1,0 代表两个变量之间相互独立,1 则代表完美相关。

(2) **调整兰德指数(Adjusted Rand Index,ARI)**。兰德指数把聚类过程视为一系列的决策,在所有样本中的$\frac{N(N-1)}{2}$个样本都有相对应的决策,定义如下:

$$\mathrm{RI}=\frac{\mathrm{TP}+\mathrm{TN}}{\mathrm{TP}+\mathrm{FP}+\mathrm{FN}+\mathrm{TN}} \tag{9-17}$$

其中,真阳性(TP)将相似的句子放入相同的簇中;真阴性(TN)将不相似的句子放入不同的簇；假阳性(FP)将不相似的句子放入同个簇；假阴性(FN)将相似的句子放入不同簇。当 FP 和 FN 越低，则 RI 越高。定义调整兰德指数 ARI 如下：

$$\mathrm{ARI}=\frac{\mathrm{RI}-\mathrm{RI}_{\mathrm{Expected}}}{\max(\mathrm{RI})-\mathrm{RI}_{\mathrm{Expected}}} \tag{9-18}$$

通过调整后的输出值介于 0～1，1 代表获得完美的聚类结果。

(3) 聚类准确率(**Accuracy，ACC**)：也通过聚类准确率 ACC 来评估算法性能，其定义如下：

$$\mathrm{ACC}=\max_{m}\frac{\sum_{i=1}^{n}1\{l_i=m(c_i)\}}{n} \tag{9-19}$$

其中，l_i 是样本的真实标签；c_i 是算法预测的聚类标签；m 覆盖了簇中心和标签之间所有可能的一对一映射。为了计算聚类准确率，使用匈牙利算法[122]在预测的聚类标签和真实标签之间找到最佳对齐方式。

(4) 超参数设置。在以 PyTorch 实现的预训练 BERT-base 模型的基础上[123]，构建所提出的算法模型，并采用与原始 BERT 相同的超参数设置。为了加快训练过程并避免过度拟合，冻结了除最后一层 Transformer 以外的所有 BERT 参数。设置训练批次大小为 256，学习速率为 $5\mathrm{e}^{-5}$。使用与 DAC[50] 相同的动态阈值并设置 $u(\lambda)=0.95-\lambda$，$l(\lambda)=0.455+0.1\cdot\lambda$ 和 $\eta=0.009$。

在聚类精炼阶段，在意图表示 $\boldsymbol{I}$ 上运行 K-均值聚类算法以获得初始聚类质心 $\boldsymbol{U}$，并将停止条件 δ_{label} 设置为 0.1%。

9.3.3 实验结果与分析

实验结果如表 9.2 所示，同时评估了无监督和半监督的未知意图发现方法。所提出的 CDAC+方法在所有数据集和评价指标上均优于其他基准方法，取得了最优性能。验证了 CDAC+通过成对分类相似度预测和少量监督样本所学习的意图表示，能够有效对句子分组，并发现在训练集中未曾出现过的未知意图。

在 DBPedia 和 StackOverflow 数据集上，无监督聚类算法的性能特别差，这可能与类别复杂度和数据集难度有关。因为 Dbpedia 的本体类型和 StackOverflow 的问题类型较为复杂，在缺乏人为先验知识引导下，将很难得到理想的聚类结果。

另外，半监督方法不一定比无监督方法更好。如果没有正确地使用少量标注数据作为约束，则会容易导致模型过拟合，错误地把未知意图样本分类为已知意图，而无法将未知意图样本聚成新的簇。以 BERT-KCL 为例，由于无法在利用已知意图的同时，使模型泛化到未知意图样本上，导致其性能甚至低于无监督方法，如 K-均值、DAC 等。

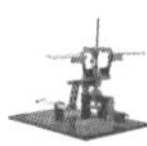

表 9.2　在 SNIPS、DBPedia 和 StackOverflow 数据集上的未知意图发现结果

方法		SNIPS			DBPedia			StackOverflow		
		NMI	ARI	ACC	NMI	ARI	ACC	NMI	ARI	ACC
无监督	KM	71.42	67.62	84.36	67.26	49.93	61.00	8.24	1.46	13.55
	AG	71.03	58.52	75.54	65.63	43.92	56.07	10.62	2.12	14.66
	SAE-KM	78.24	74.66	87.88	59.70	31.72	50.29	32.62	17.07	34.44
	DEC	84.62	82.32	91.59	53.36	29.43	39.60	10.88	3.76	13.09
	DCN	58.64	42.81	57.45	54.54	32.31	47.48	31.09	15.45	34.26
	DAC	79.97	69.17	76.29	75.37	56.30	63.96	14.71	2.76	16.30
	BERT-KM	52.11	43.73	70.29	60.87	26.6	36.14	12.98	0.51	13.9
半监督	PCK-means	74.85	71.87	86.92	79.76	71.27	83.11	17.26	5.35	24.16
	BERT-KCL	75.16	61.90	63.88	83.16	61.03	60.62	8.84	7.81	13.94
	BERT-Semi	75.95	69.08	78.00	86.35	72.49	75.31	65.07	47.48	65.28
	CDAC＋	89.3*	86.82**	93.63*	94.74**	89.41**	91.66**	69.84**	52.59*	73.48**

* 与最佳基线方法相比，具有统计学意义的显著差异（$p<0.05$）；

** 与最佳基线方法相比，具有统计学意义的显著差异（$p<0.01$）。

在所有方法中，BERT-KM 的表现最差，甚至比在 Glove 句向量上运行 K-均值聚类算法还要差。实验结果显示，对于 BERT 这类动态词向量而言，必须在执行下游任务之前对模型进行微调，否则性能会非常差。接下来，从不同方面讨论 CDAC＋算法的鲁棒性和有效性。

1. 对比实验

为了研究少量样本约束和聚类精炼的贡献，将 CDAC＋算法与它的变体方法进行了比较，包括移除少量样本约束的 CDAC＋算法（DAC＋）、移除聚类精炼的 CDAC＋算法（CDAC）和在 DAC 或 CDAC 算法所学习的意图表示上，直接进行 K-均值聚类（DAC-KM，CDAC-KM）。实验结果如表 9.3 所示。

表 9.3　CDAC＋算法及其变体的聚类结果

方法		SNIPS			DBPedia			StackOverflow		
		NMI	ARI	ACC	NMI	ARI	ACC	NMI	ARI	ACC
无监督	DAC	79.97	69.17	76.29	75.37	56.30	63.96	14.71	2.76	16.30
	DAC-KM	86.29	82.58	91.27	84.79	74.46	82.14	20.28	7.09	23.69
	DAC＋	86.90	83.15	91.41	86.03	75.99	82.88	20.26	7.10	23.69

续表

方法		SNIPS			DBPedia			StackOverflow		
		NMI	ARI	ACC	NMI	ARI	ACC	NMI	ARI	ACC
半监督	CDAC	77.57	67.35	74.93	80.04	61.69	69.01	29.69	8.00	23.97
	CDAC-KM	87.96	85.11	93.03	93.42	87.55	89.77	67.71	45.65	71.49
	CDAC+	89.3**	86.82**	93.63**	94.74*	89.41	91.66	69.84*	52.59**	73.48*

* 与最佳基线方法相比，具有统计学意义的显著差异（$p<0.05$）；

** 与最佳基线方法相比，具有统计学意义的显著差异（$p<0.01$）。

在添加样本约束后，大多数算法的性能都有所提升。在 StackOverflow 数据集上，CDAC+的准确率比 DAC+高出 50%，证实了在算法中加入约束是有效的。使用聚类精炼后，DAC+和 CDAC+始终比 DAC-KM 和 CDAC-KM 表现更好，在 SNIPS 和 DBPedia 数据集上，DAC+甚至优于所有基线方法。这意味着仅通过 DAC 或 CDAC 来学习意图表示是不够的，而聚类精炼可获得更好的聚类结果。

2. 预定义聚类中心数的影响

由于在实际应用场景中，无法确定未知意图的数量，因此算法对聚类中心数的鲁棒性尤其重要。为了研究 CDAC+算法对于聚类中心的数量是否鲁棒，将预定义聚类中心数从其真实类别数量增加到 2 倍、3 倍和 4 倍，结果如图 9.2 所示。当聚类中心数增多时，除 CDAC+之外，几乎所有方法的性能都会急剧下降。此外，CDAC+方法也始终比 CDAC-KM 表现更好，这证明了聚类精炼的稳健性。在图 9.7 中，使用混淆矩阵来进一步分析结果，这表明 CDAC+不仅保持了出色的性能，而且对聚类中心数不敏感。

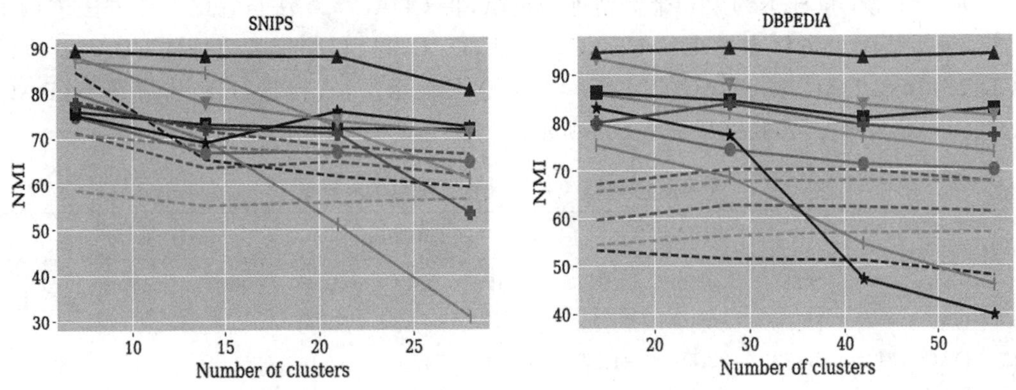

图 9.2　预定义聚类中心数对模型性能的影响

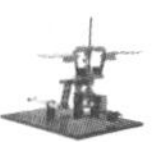

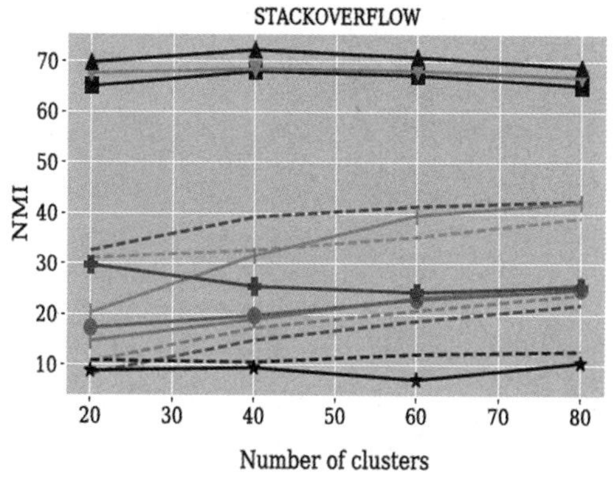

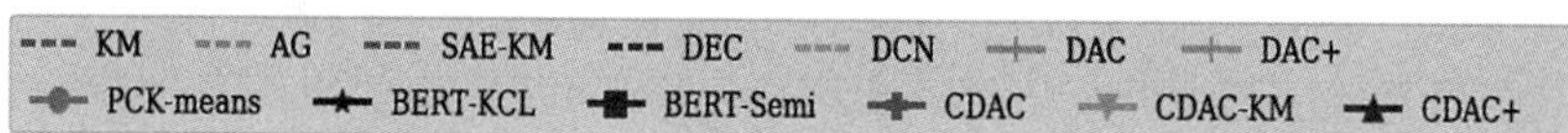

图 9.2　（续）

3. 有标注数据比例的影响

将训练集中的有标注数据比例在 0.1%、1%、3%、5%和 10%的范围内变化，并将结果展示在图 9.3 中。首先，即使标记数据的比例远低于 10%，CDAC+的性能仍然优于大多数基线方法。其次，算法性能在 StackOverflow 数据集上变化最大，这是因为 StackOverflow 的样本既可以按照技术主题或者问题类型（例如：什么、如何和为什么）进行划分，又可以依赖少量标注数据作为先验知识来指导聚类过程。由于无监督方法缺乏先验知识引导，导致聚类效果不佳。

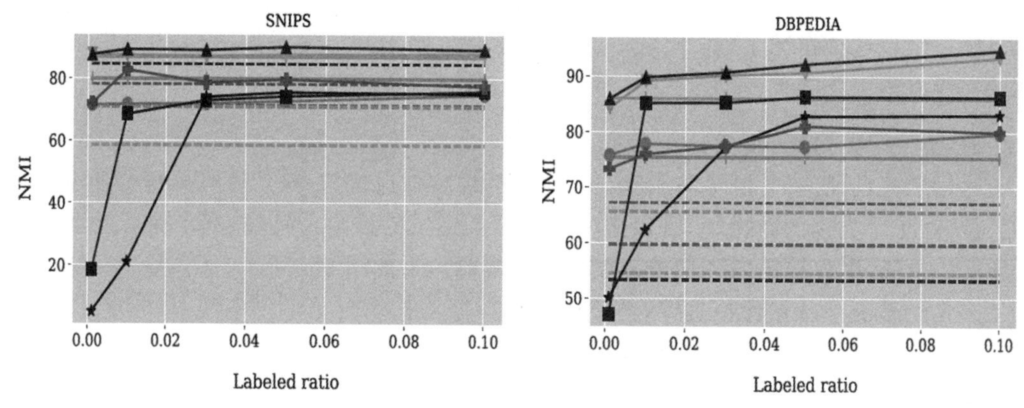

图 9.3　有标注数据比例对聚类模型性能的影响

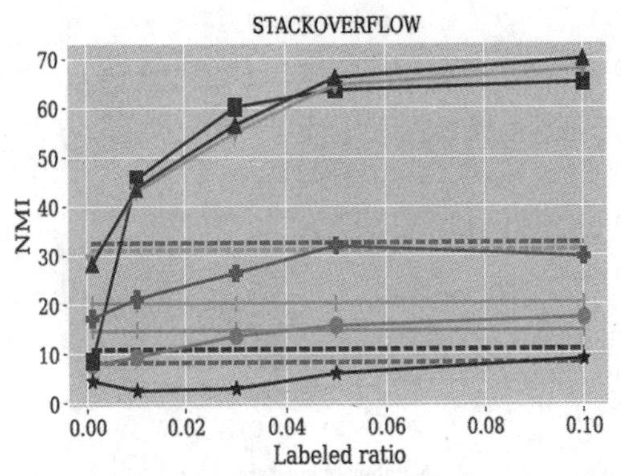

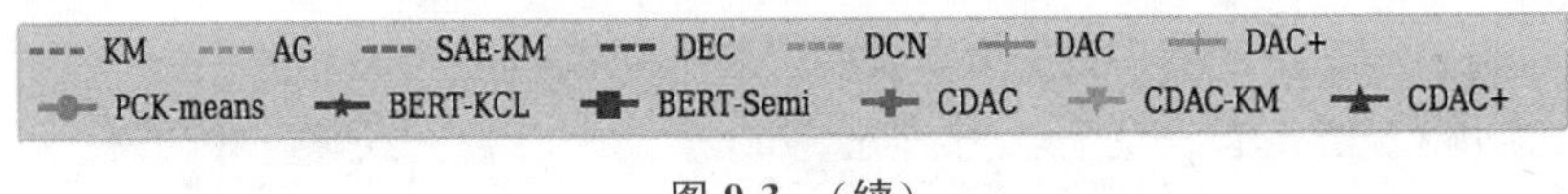

图 9.3 （续）

最后，当 StackOverflow 上的标记比例为 1％和 3％时，BERT-Semi 的 NMI 得分略高于 CDAC＋。原因是 BERT-Semi 使用实例级约束作为先验知识，可以轻松地聚出已知意图，但也牺牲了模型的泛化性，导致无法聚出未知意图。而 CDAC＋采用成对约束作为先验知识，即使未知类的比例增加，也依然能够保持良好的未知意图发现性能，在下一段中将讨论这一点。

4. 未知类别比例的影响

将训练集中的未知类别的比例改为 25％、50％和 75％，并在图 9.4 中展示实验结果，未知类别的比率越高，训练集中的未知意图就越多。与基线方法相比，CDAC＋依然保持很鲁棒。但在这种情况下，BERT-Semi 的性能会急剧下降。这是因为 BERT-Semi 所采用的实例级约束将导致模型过拟合，使其无法有效地发现未知意图。

5. 不平衡数据集的影响

采用与先前研究[50]相同的设置，并以不同的最小保留概率 γ 随机采样数据集的子集。给定 N 个类别的数据集，将以概率 γ 保留类别 1 的样本，并以概率 1 保留类别 N 的样本。γ 越低，则数据集的不平衡程度越大。实验结果如图 9.5 所示。CDAC＋不仅在数据不平衡的情况下依然保持鲁棒，甚至优于在数据均衡情况下的所有基线方法。在不同的 γ 下，其他基线方法的性能平均下降 3％～10％。

6. 错误分析

首先，通过饼图对聚类结果进行更深入的分析，实验结果如图 9.6 所示。由于类别在

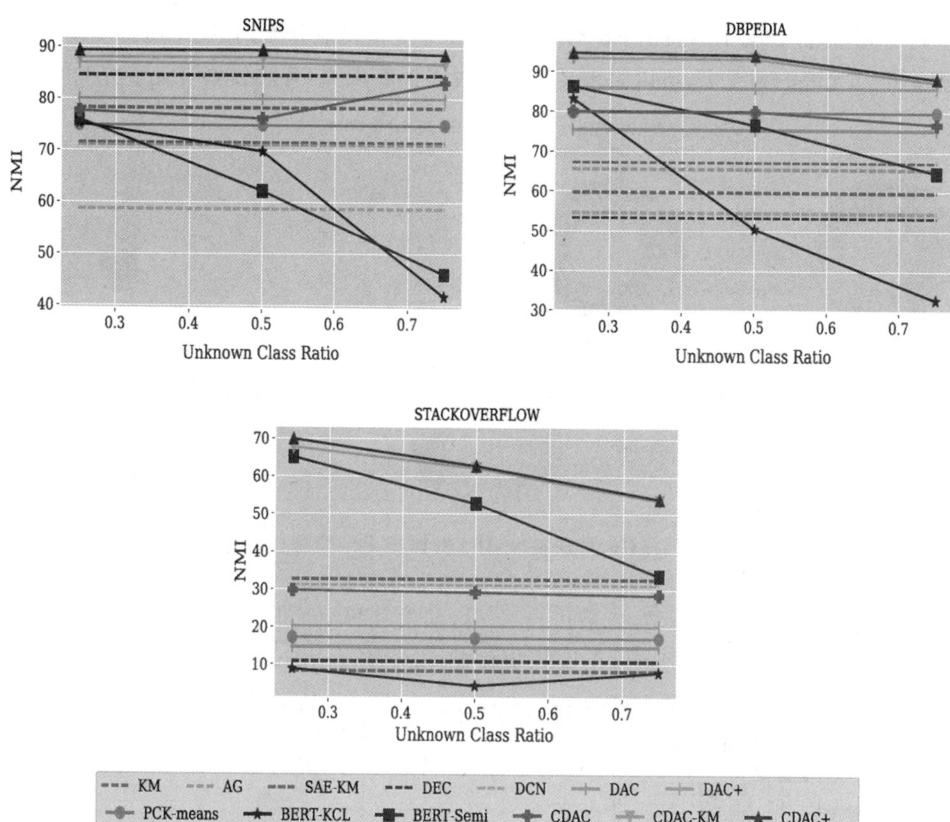

图 9.4　未知类别比例对聚类模型性能的影响

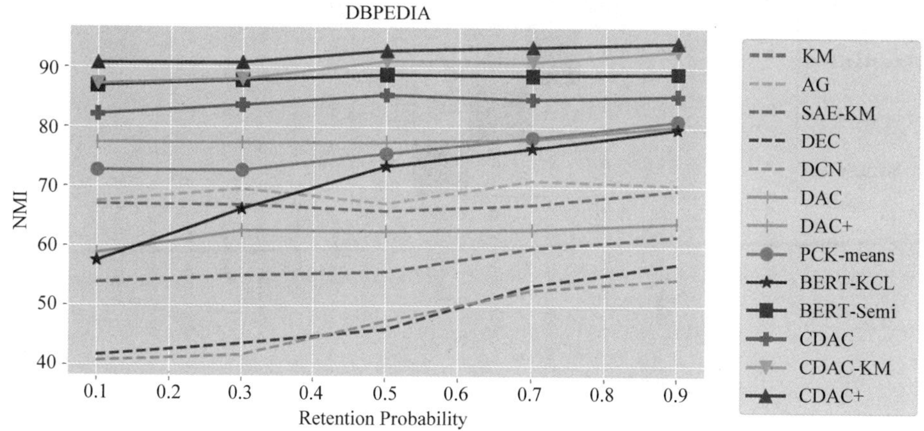

图 9.5　数据不平衡对聚类模型性能的影响

语义上过于相似，部分属于 SearchcreativeWork 的样本被错误地分配到 SearchscreeningEvent 中。在数据集条件允许的情况下，可以引入元数据或者多标签聚类，有效缓解语义重叠的问题。

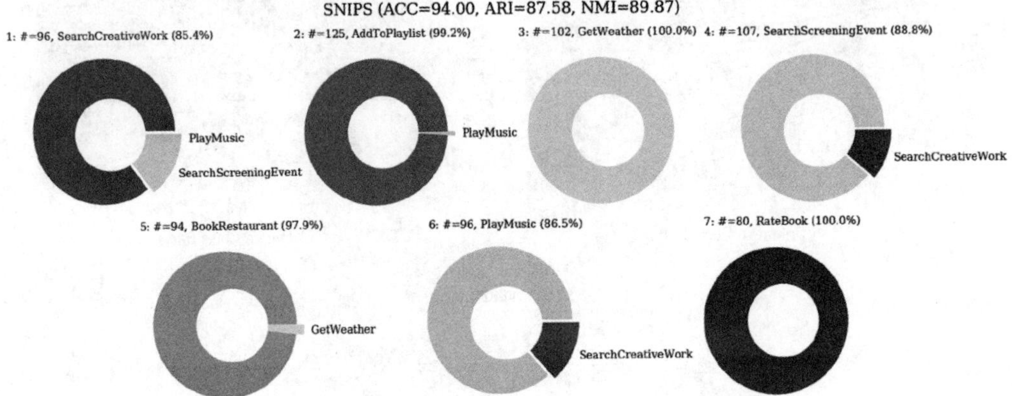

图 9.6　CDAC+算法在 SNIPS 数据集上的聚类饼图分析

其次，通过混淆矩阵对聚类结果进行分析，研究 CDAC 是否可以发现测试集上的未知意图。实验结果如图 9.7 所示，在训练集中将 BookRestaurant 和 SearchCreativeWork

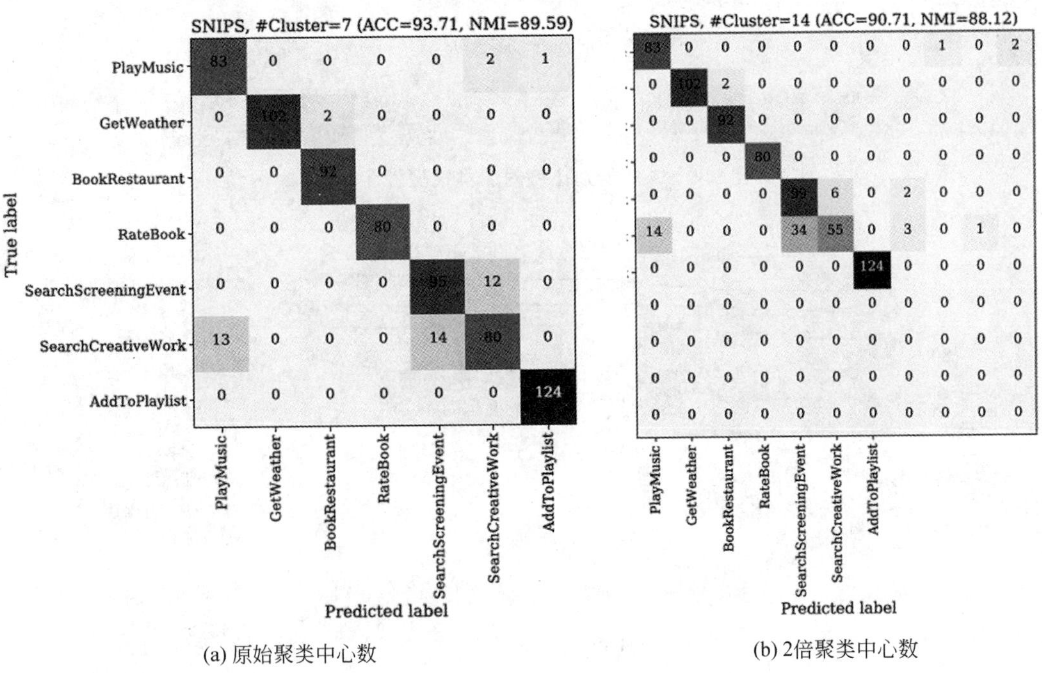

(a) 原始聚类中心数　　(b) 2倍聚类中心数

图 9.7　CDAC+算法在 SNIPS 数据集上的聚类混淆矩阵

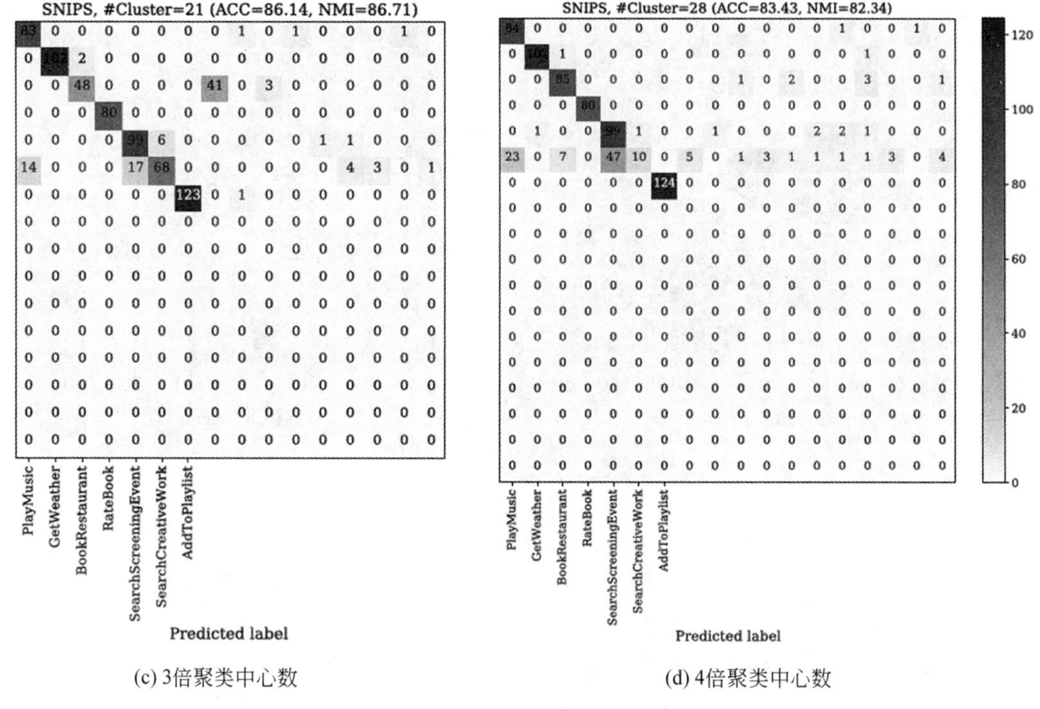

(c) 3倍聚类中心数　　(d) 4倍聚类中心数

图 9.7 （续）

设置为未知，并把预定义簇中心数量设定为真实值的 2 倍、3 倍和 4 倍。在对角线上的值代表有多少个样本被正确地分类为相应的类别。数字越大，颜色越深。这里隐藏了空的簇以展示更好的可视化效果。实验结果证明，CDAC＋能够有效地找出未知意图，且对聚类中心数不敏感。

7. 可视化分析

最后，通过使用 t-SNE[114] 对神经网络学习的意图表示进行可视化分析。如图 9.8 所示，与 DAC 和 BERT-Semi 方法相比，CDAC＋算法所学习的意图表示具有类内紧凑、类间分离的特性。这证明了 CDAC＋确实能学到聚类友好的意图表示，并且取得极佳的聚类性能。DAC 在缺乏标注数据作为先验知识引导下，无法得到理想的聚类结果。BERT-Semi 虽然能够很好地对已知意图建模，但泛化性能极差，无法进一步发现未知意图。

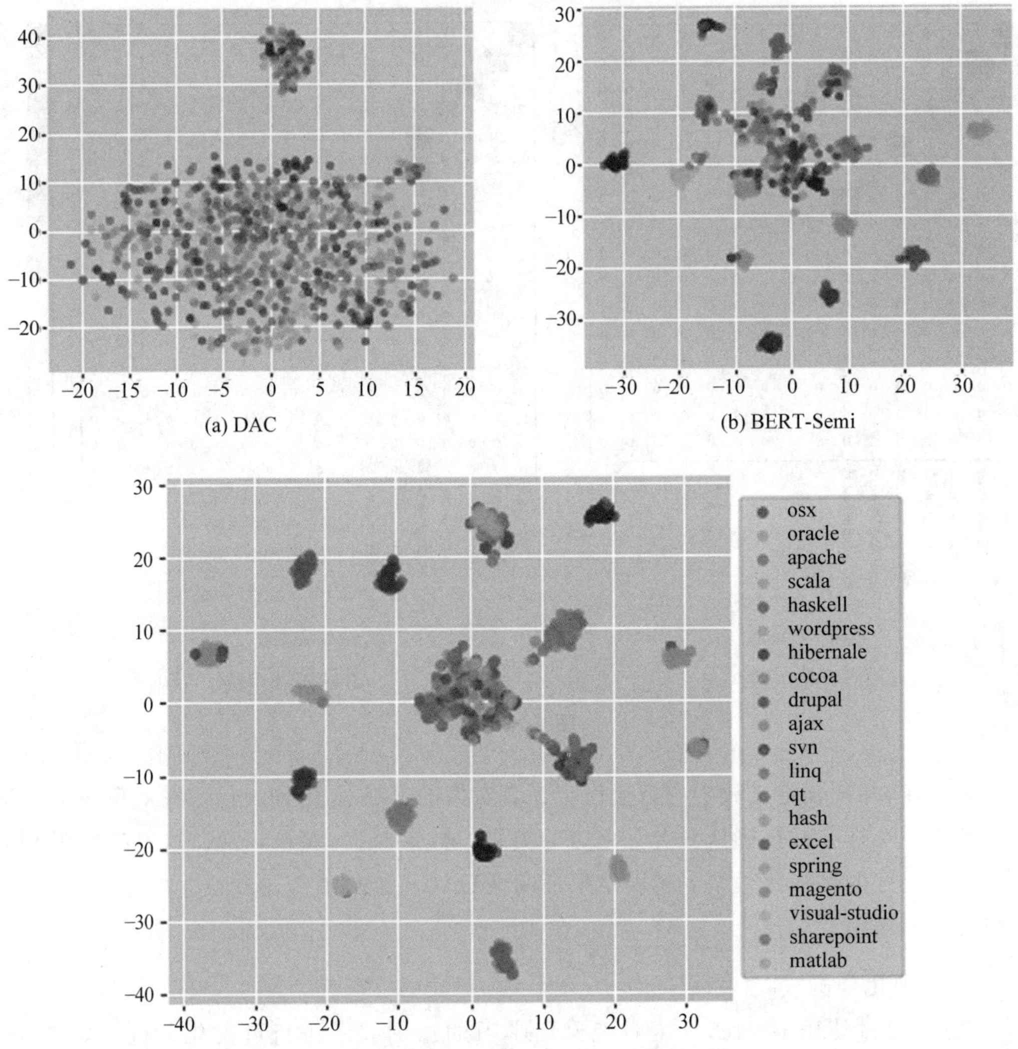

(a) DAC

(b) BERT-Semi

osx
oracle
apache
scala
haskell
wordpress
hibernale
cocoa
drupal
ajax
svn
linq
qt
hash
excel
spring
magento
visual-studio
sharepoint
matlab

(c) CDAC+

图 9.8 模型在 StackOverflow 数据集上的意图表示可视化

9.4 本章小结

本章将未知意图发现定义为半监督聚类问题，并且提出了基于深度神经网络的端到端聚类模型 CDAC+。首先，将少量标注样本和 BERT 预训练语言模型视为先验知识，

用来指导聚类过程。其次，将少量标注样本转化为成对约束，并构建自监督相似二分类任务，进而学习对聚类友善的深度意图表示。最后，再通过聚类精炼消除低置信度的样本分配，强制模型从高可信度分配中学习，进一步完善聚类结果。

在 3 个公开的短文本意图分类数据集上进行了详细的实验。实验结果显示，CDAC+显著优于所有无监督和半监督算法，并且在各种不同聚类中心数、有标注数据比例、未知类别比例和不平衡数据集的设置下，依然能够保持着稳定的性能，并对聚类中心数不敏感。使用混淆矩阵和饼图进行了深入的错误分析，并通过 t-SNE 可视化验证了 CDAC+算法的确能够学到类内紧凑、类间分离的意图表示，有利于聚类任务。

本篇小结　本篇主要介绍了端到端的自监督约束聚类模型 CDAC+。首先，将聚类问题转化为句子对相似二分类问题，以获得聚类友善的深度意图表示。其次，将少量标注样本转化为成对约束，作为先验知识来指导聚类过程，并通过动态相似度阈值来进行自监督学习。最后，通过聚类精炼消除了低置信度的簇中心分配，大幅提升算法的鲁棒性。实验结果表明，这个方法超越了所有无监督和半监督聚类的基线方法，并且在不同聚类中心数、标注比例、已知意图比例和类别不均衡的场景下，皆保持着优异的性能。

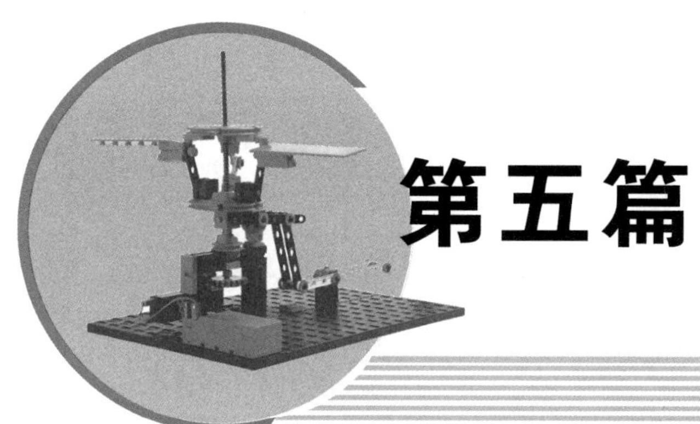

第五篇

对话意图识别平台

本篇将介绍一个对话意图实验平台——TEXTOIR[①]。TEXTOIR 是第一个集成和可视化的文本数据的开放意图识别平台。它由开放意图检测和开放意图发现两个主要功能模块组成,分别集成了目前最先进的算法。此外,本篇将详细介绍统一的开放意图识别(OIR)框架,该框架将两个模块以流水线方式连接起来,实现多个模型功能的组合。该平台还为数据和模型的管理、训练和评估提供了一系列方便的可视化工具。从不同方面分析了 OIR 的性能,并提出了不同方法的特点。最后,在一系列基准数据集上实现了识别已知意图、发现开放意图和推荐开放意图聚类关键字的完整过程。

① 本平台同步发布在第三方开源共享平台 GitHub 上,下载链接为 github.com/thuiar/TEXTOIR-DEMO。

第 10 章 基于深度学习的对话意图识别实验平台

10.1 引　　言

分析用户意图在人机交互服务(例如,对话系统)中扮演着关键角色。然而,许多当前的对话系统局限于在封闭场景中识别用户意图,它们也局限于处理开放意图。以图 10.1 为例,很容易确定特定的目的,例如机票预订和餐厅预订。然而,由于用户意图的多样性和不确定性,预定义的意图可能不足以覆盖所有意图。也就是说,可能存在一些不相关的、开放意图的用户话语。将这些开放意图示例与已知意图区分开来是很有价值的,这有助于提高服务质量,并进一步发现用于挖掘潜在用户需求的细粒度类。

User utterances	Intent Label
Book a flight from LA to Madrid.	Book flight
Can you get me a table at Steve's?	Restaurant reservation
Book Delta ticket Madison to Atlanta.	Book flight
Schedule me a table at Red Lobster.	Restaurant reservation
...	...
Can you tell me the name of this song?	**Open Intent$_1$**
What is the calorie of this food?	**Open Intent$_2$**

图 10.1　开放意图识别示例

OIR 分为两个模块:开放意图检测和开放意图发现。第一个模块的目的是识别 m 类已知意图并检测一类开放意图[3,37,124]。它可以识别已知的意图,但不能发现特定的开放类。第二个模块将一个类的开放意图进一步分组为多个细粒度的开放意图[6,125-126]。然而,采用的聚类技术不能识别特定的已知意图。

这两个模块分别在基准数据集上采用了各种先进的方法,取得了巨大的进步。但仍存在一些问题,给今后的研究带来困难。首先,没有统一的接口来集成各个模块的各种算法，这给模型的进一步开发带来困难。其次，目前这两个模块的方法缺乏方便的模型管理、训练、评价和结果分析的可视化工具。最后，这两个模块对OIR都有一定的局限性。也就是说，它们都不能同时识别已知意图和发现开放意图。因此，OIR仍停留在理论层面，需要一个整体框架将两个模块连接起来，完成整个过程。

为了解决这些问题，提出了第一个集成和可视化的文本开放意图识别平台TEXTOIR。它是第一个集成和可视化的文本开放意图识别平台。该平台具有以下优势。

(1) 它提供了一个统一的数据管理接口，集成了一系列基准数据集和最新的方法，分别用于开放意图检测和发现。具体来说，它可以自动准备不同指定参数的意图数据，并使用相关工具进行特征提取。

(2) 它为两个模块集成了一系列先进的分析功能流程。每个模块支持一个完整的工作流程，包括训练和评估。此外，还可以方便地添加标准统一接口的新模型。

(3) 设计了一个整体框架，自然结合两个子模块，实现完整的OIR过程。整体框架集成了两个模块的优点，能够自动识别已知意图和发现推荐关键字的开放意图簇。

(4) 为进行意图识别提供了方便的可视化界面。用户可以添加自己的数据集和模型来进行开放意图识别。这两个功能模块和管道模块拥有前端接口。这两个模块分别支持不同方法的模型培训、评估和详细结果分析。管道模块利用了这两个模块，并显示了完整的文本OIR结果。

10.2 开放意图识别平台

图10.2显示了提出的体系结构文本开放意图识别(TEXTOIR)平台，主要包含4个功能模块。第一个功能模块集成了一系列标准基准数据集。第二个和第三个功能模块对开放意图的检测和发现进行了一个完整的过程(包括模型管理、训练、评估和结果分析)。最后一个功能模块使用提出的整体框架来完成完整的开放意图识别过程。

10.2.1 数据管理

TEXTOIR平台支持用于意图识别的典型基准数据集，包括SNIPS[127]、StackOverflow[47]、CLINC[113]、BANKING[128]、DBPedia[121]和ATIS[117]。用户可以从前端网页查看详细的统计信息，并管理自己的数据集。

如图10.3所示，平台还为开放意图检测和发现模块提供了统一的数据处理接口。用户设置好相关参数(如已知意图比和标记数据比)后，自动为每个模块准备训练数据。具体来说，该接口自动采样标记已知意图数据统一分配的参数，用于开放意图检测。除了这

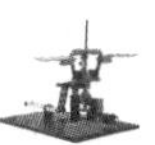

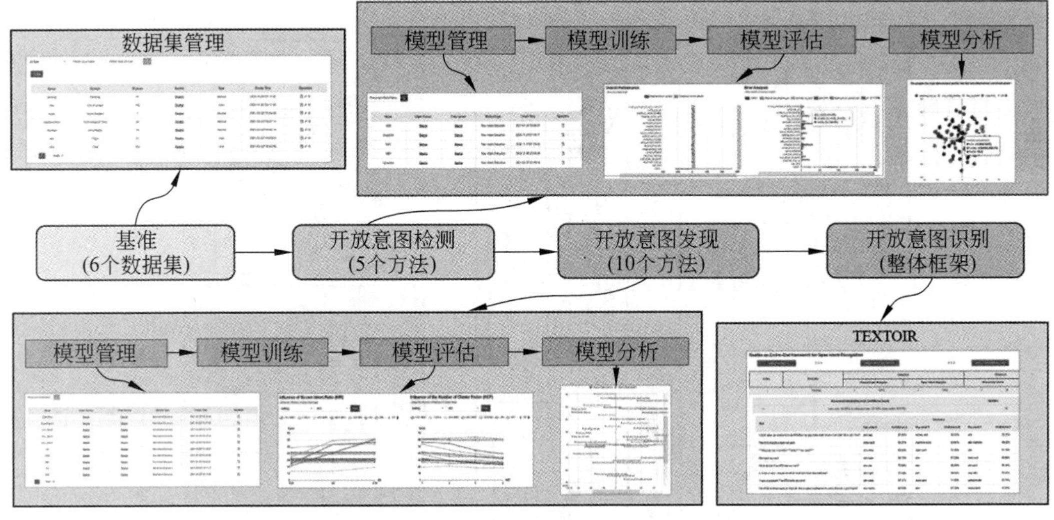

图 10.2　TEXTOIR 平台架构

些已标记的数据，其余未标记的数据也可用于开放意图的发现。在特征提取方面，数据向量按照两个模块所采用的主干所需格式在句子级进行编码。

10.2.2　模型

TEXTOIR 平台集成了 5 个先进的开放意图检测功能模型和 10 个开放意图发现模型，并为这些模型提供了标准和通用的接口。

1. 开放意图检测

该模块利用部分标记的已知意图数据进行训练。它的目的是识别已知意图，并检测不属于已知意图的样本，这些样本在测试期间被分组到一个开放意图类型中。有两类集成方法：基于阈值的方法和基于几何特征的方法。

基于阈值的方法包括 MSP[38]、DOC[37] 和 OpenMax[36]。它支持在分类任务监督下的预训练组件，并提供检测低置信概率的概率阈值接口。基于几何特征的方法包括 ADB[129] 和 DeepUnk[3]。它支持度量学习方法来学习区分性意图特征，并支持基于密度和边界的组件来检测开放意图。对于这些方法，利用先进自然语言预训练模型 BERT[24] 来提取深度特征。

2. 开放意图分类

该模块使用已知的和开放的意图样本作为输入，目的是通过聚类技术学习相似属性来获得意图相似的簇。如方法[6,130]分为两部分，即无监督方法和半监督方法。

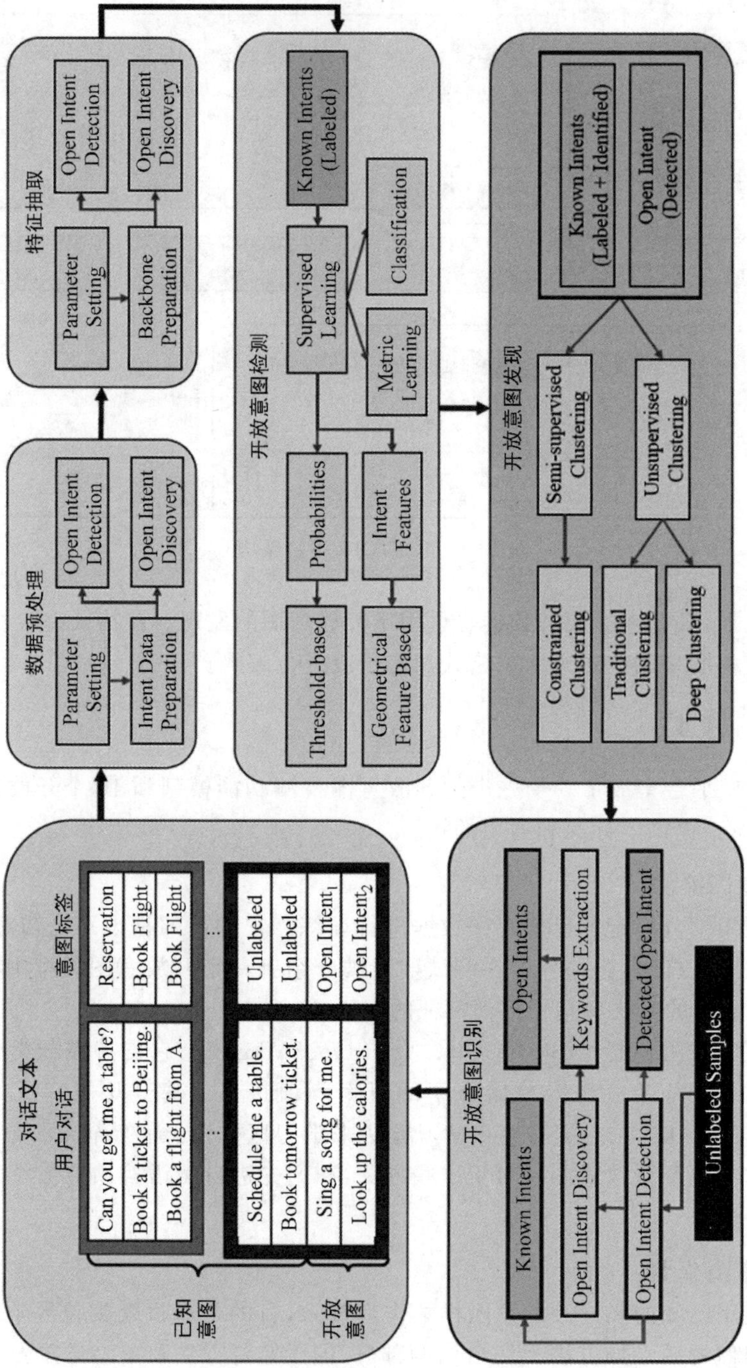

对话文本

用户对话 | 意图标签

已知意图

用户对话	意图标签
Can you get me a table?	Reservation
Book a ticket to Beijing.	Book Flight
Book a flight from A.	Book Flight
…	…

开放意图

用户对话	意图标签
Schedule me a table.	Unlabeled
Book tomorrow ticket.	Unlabeled
Sing a song for me.	Open Intent_1
Look up the calories.	Open Intent_2

数据预处理

Parameter Setting → Intent Data Preparation → Open Intent Detection / Open Intent Discovery

特征抽取

Parameter Setting → Backbone Preparation → Open Intent Detection / Open Intent Discovery

开放意图检测

Known Intents (Labeled) → Supervised Learning → Classification / Metric Learning

Supervised Learning → Probabilities → Threshold-based

Supervised Learning → Intent Features → Geometrical Feature Based

开放意图发现

Known Intents (Labeled + Identified) / Open Intent (Detected)

Semi-supervised Clustering → Constrained Clustering

Unsupervised Clustering → Traditional Clustering / Deep Clustering

开放意图识别

Known Intents

Open Intent Discovery → Keywords Extraction → Open Intents

Open Intent Detection → Detected Open Intent

Unlabeled Samples

图 10.3 开放意图识别的整体框架

无监督方法包括 K-Means(KM)[45]、Agglomerative Clustering(AG)[46]、SAE-KM、DEC[48]和 DCN[49]。前两种方法采用 Glove[14]嵌入,后三种方法利用堆叠自编码器提取表示。这些方法不需要任何已标记数据作为先验知识,而是从未标记数据中学习结构化语义相似知识。

半监督方法包括 KCL[59]、MCL[131]、DTC[132]、CDAC+[6]和 DeepAligned[130]。这些方法的意图特征由 BERT 提取。与无监督方法相比,它们可以进一步利用已标记的已知意图数据来发现细粒度的开放意图。

10.2.3　训练和评估

平台为两个模块提供了模型训练和评估的可视化界面。用户可以选择不同的数据集和方法,以不同的已知意图比和标记比(在 10.2.1 节中提到)准备训练数据。

对于每种方法,用户都可以更改主要超参数来调整模型。当训练开始时,它会自动为训练过程创建一个记录,用户可以监控该记录的状态。当训练过程成功完成后,将训练后的模型和相关参数保存下来进行评估。

对于模型评价,从不同的角度观察预测结果。首先,通过每个意图类正确和错误样本的数量来显示整体性能。在此基础上,进一步给出了细粒度错误预测类的数量,以分析关于真实值的容易混淆的意图。其次,用折线图表示已知意图比和标记比的影响。用户可以在不同选择的数据集和评价指标上观察结果。

10.2.4　结果分析

TEXTOIR 还提供了一些可视化工具来进一步演示两个模块的不同方法的特性和性能。

1. 开放意图检测

该模块可以显示识别出的已知意图样本和检测到的开放意图样本的结果。对于基于阈值的方法,它可视化了每个已知类的概率分布和不同滑动阈值窗口的评估得分。用户可以观察到不同置信度的影响,这可能有助于他们设计开放意图检测的决策条件,如图 10.4 所示。

对于基于几何的方法,它将意图表示可视化在二维平面上。具体地,对高维特征使用 t-SNE[114]实现降维。此外,每个点的一些辅助信息(如 ADB 的中心和半径)被展示,如图 10.5 所示。

2. 开放意图发现

对于无监督方法和半监督聚类方法,它用相应的标签显示每个产生的聚类中心的几

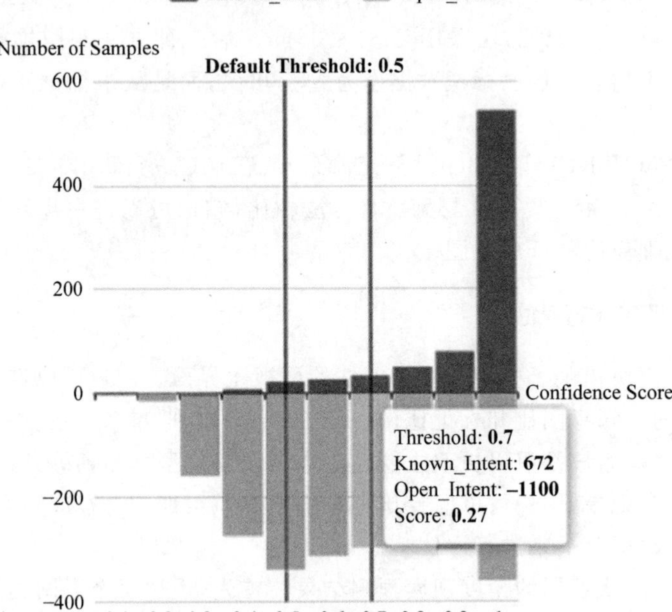

图 10.4 概率分布可视化

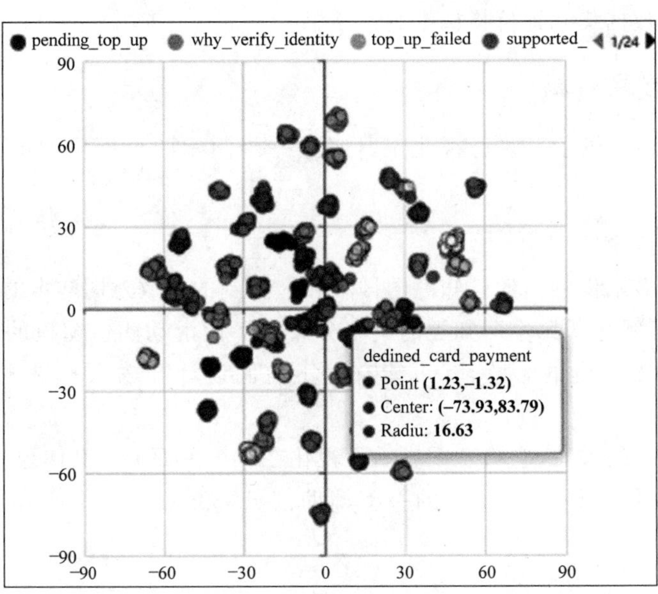

图 10.5 意图聚类可视化

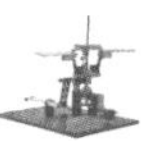

何位置。这些中心分为已知类和开放类,如图 10.6 所示。用户可以通过观察中心分布来挖掘已知意图和开放意图的相似关系。由于聚类标签在实际场景中不适用,采用 KeyBERT[①] 工具包在句子级和簇级提取开放意图的关键字。在余弦相似度空间中计算关键词的置信值。然后,为每个发现的开放意图推荐前 3 个关键字,并给出各自的置信度分数,如图 10.7 所示。

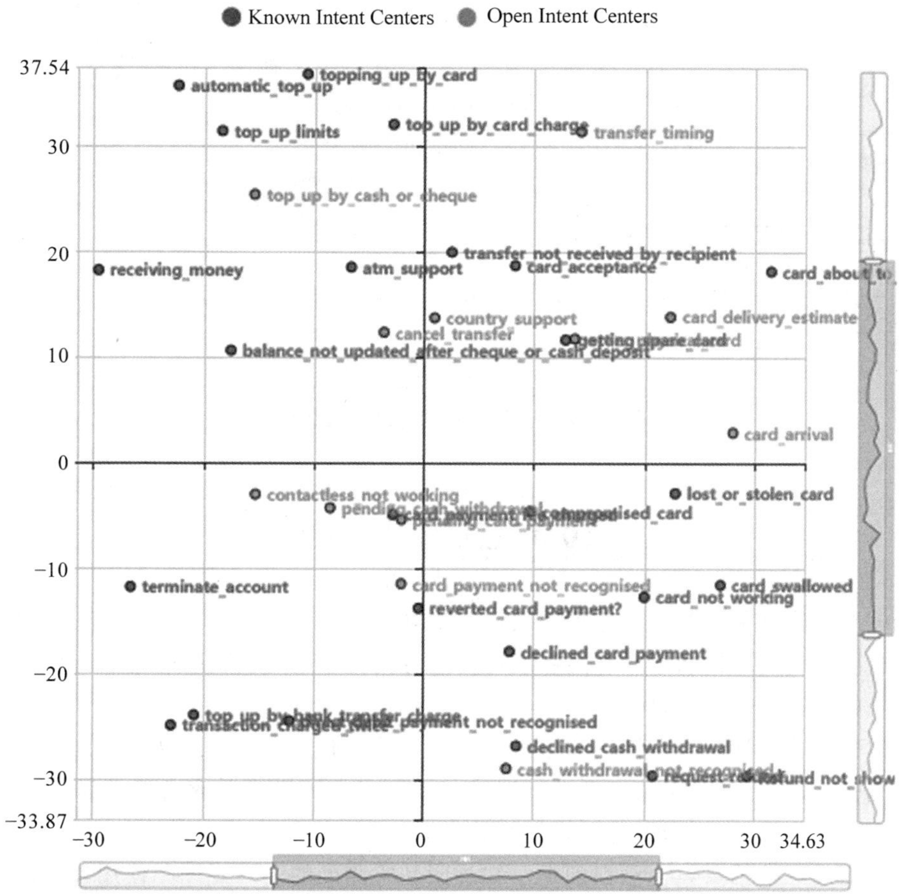

图 10.6　意图中心分布

① https://github.com/MaartenGr/KeyBERT/。

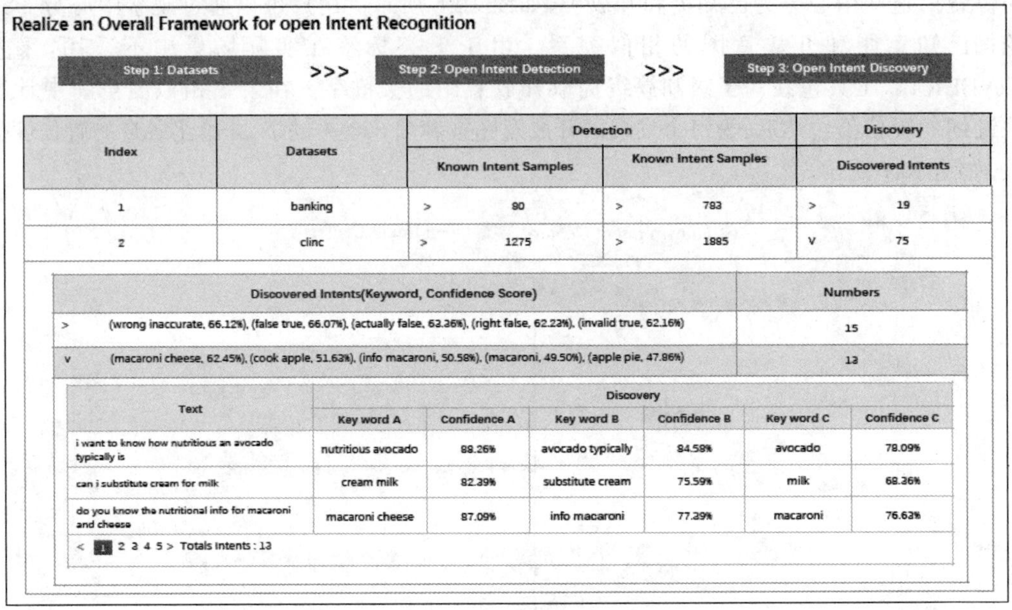

Realize an Overall Framework for open Intent Recognition

Step 1: Datasets >>> Step 2: Open Intent Detection >>> Step 3: Open Intent Discovery

Index	Datasets	Detection		Discovery
		Known Intent Samples	Known Intent Samples	Discovered Intents
1	banking	> 80	> 783	> 19
2	clinc	> 1275	> 1885	V 75

	Discovered Intents(Keyword, Confidence Score)	Numbers
>	(wrong inaccurate, 66.12%), (false true, 66.07%), (actually false, 63.36%), (right false, 62.23%), (invalid true, 62.16%)	15
V	(macaroni cheese, 62.45%), (cook apple, 51.63%), (info macaroni, 50.58%), (macaroni, 49.50%), (apple pie, 47.86%)	13

Text	Discovery					
	Key word A	Confidence A	Key word B	Confidence B	Key word C	Confidence C
i want to know how nutritious an avocado typically is	nutritious avocado	88.26%	avocado typically	84.58%	avocado	78.09%
can i substitute cream for milk	cream milk	82.39%	substitute cream	75.59%	milk	68.36%
do you know the nutritional info for macaroni and cheese	macaroni cheese	87.09%	info macaroni	77.39%	macaroni	76.63%

< 1 2 3 4 5 > Totals Intents : 13

图 10.7 开放意图识别可视化

10.3 总体框架

开放意图检测和发现这两个功能模块是密切相关的。但是,缺少一个整体框架来依次调用这两个模块以识别已知意图和发现开放意图。TEXTOIR 通过提出的总体框架解决了这个问题,如图 10.3 所示。

总体框架首先处理两个模块的原始数据。然后,将已标记的已知意图数据输入开放意图检测模块,由用户对所选模型进行训练。由于存在大量既包含已知意图又包含开放意图的未标记数据,它利用训练良好的开放意图检测模型对未标记的训练数据进行预测。对训练数据的评估结果包含已识别的已知意图和检测到的公开意图。使用预测的已知意图数据、检测到的开放意图和原始标记数据作为开放意图发现模块的输入。在这种情况下,意图发现模块受益于意图检测模块,以获得用于训练的增强输入。然后,训练用户首选的聚类方法去获得开放意图聚类。

两个模块首先被用于训练的管道方案,然后,它们被用于对未标记数据执行开放意图识别。具体来说,首先使用训练有素的开放意图检测方法来预测已识别的已知意图和检测到的开放意图。然后,利用开放意图发现方法对检测到的开放意图数据进行预测,获得

细化的开放意图集群。KeyBERT 工具包(在 10.2.4 节中提到)用于提取每个开放意图集群的关键字。前 3 个高置信度关键字按降序被选择作为每个开放意图的推荐标签。最后,框架自动识别未标记数据中的已知意图,并以推荐标签的方式分组提供开放意图,这对挖掘开放意图标签更加方便和有帮助。

10.4 实　验

使用 4 个意图基准数据集(CLINC、BANKING、SNIPS 和 StackOverflow)来验证 TEXTOIR 平台的性能。已知的意图比率在 25%、50%和 75%之间变化。标记比率在 50%和 100%之间变化。为了评估细粒度性能,计算了已知意图上的准确性得分(ACC)和开放意图上的标准化互信息得分(NMI)。使用两种最先进的开放意图检测和发现方法(ADB 和 DeepAligned)作为管道框架的组件。结果如表 10.1 所示。

表 10.1　ADB+DeepAligned 在 4 个数据集上的开放意图识别结果

ADB + DeepAligned		CLINC		BANKING		SNIPS		StackOverflow	
KIR	LR	Known	Open	Known	Open	Known	Open	Known	Open
25%	50%	89.65	86.53	84.61	63.50	87.68	26.67	82.60	45.48
25%	100%	90.88	87.71	89.08	63.67	94.79	48.89	84.13	38.87
50%	50%	91.56	87.03	84.08	69.25	94.60	64.88	80.40	55.00
50%	100%	93.42	87.80	87.50	70.61	93.83	65.84	81.73	52.37
75%	50%	91.31	86.90	83.23	68.73	95.13	63.47	79.93	48.44
75%	100%	92.80	89.21	87.89	69.83	96.10	69.11	81.24	49.78

注:KIR 和 LR 分别表示已知的意向比和标记比。Known 表示已知意图准确性得分,Open 表示开放意图 NMI 得分。

可以看到管道框架成功地连接了两个模块,并在不同的设置下获得了具有竞争力和稳健的结果。它基本上克服了两个子模块的缺点,即使用第一个模块来识别已知意图,利用第二个模块来发现开放意图。

本篇小结　本篇介绍了目前国际上第一个开放意图识别平台,它集成了两个完整的模块:开放意图检测和开放意图发现。平台实现过程中发布了通用接口,并对这两个功能模块集成了多个高级模型。本篇讨论中所构建的平台还通过自动处理工具支持一系列基准意图数据集。可视化组件可以帮助用户分析模型结果和不同方法的特点。最后,结合这两个模块的优点,实现了一个开放意图识别的整体框架。

结 束 语

本书最终成稿之际，恰逢工业和信息化部、国家发展和改革委员会、科学技术部、公安部、民政部、住房和城乡建设部、农业农村部、国家卫生健康委员会、应急管理部、中国人民银行、国家市场监督管理总局、中国银行保险监督管理委员会、中国证券监督管理委员会、国家国防科技工业局、国家矿山安全监察局15个部门正式印发《"十四五"机器人产业发展规划》(以下简称《规划》)。《规划》中明确部署了为提高产业创新能力的"机器人核心技术攻关行动"，并重点明确了将"人机自然交互技术、情感识别技术"等共融机器人自然交互技术作为前沿技术进行创新性攻关。

本书作为"面向共融机器人的自然交互"丛书的第一册，正是在国家"十四五"机器人产业发展规划的指引下，契合整个机器人行业对于自然交互技术研究、发展与创新的强烈需求，面向人机自然交互中的关键技术问题——人机对话的意图理解(意图的识别、检测和发现等)而系统化地进行新方法、新理论和新实现技术的论述。面向共融机器人应用的人机对话意图理解领域依然是当前热点的研究领域，新的研究思路和方法层出不穷。笔者所在的研究团队将时刻关注这一领域的最新研究进展和动态，并及时将系统化的研究成果呈现给读者。

除了"人机对话意图理解"这一人机自然交互领域的关键问题，在自然交互领域的其他重要问题也特别值得引起我们的特别关注和开展深度的研究工作。它们包括如下。

(1) 基于多模态人机交互信息的情感识别方法。

(2) 基于多模态人机交互信息的意图理解方法。

(3) 多视角多模态人机交互语义理解的不确定性评价。

最后再次附上本书相关辅助资料的链接下载地址。欢迎对机器人自然交互感兴趣的朋友、企业与我们交流并建立合作关系，一起共同推进中国机器人前沿技术的不断创新与发展。

本书相关辅助资料与算法链接地址：https://github.com/thuiar/Books。

笔者研究团队最新研究工作与成果链接：https://github.com/thuiar。

参考文献

[1] CHEN Y-N, CELIKYILMAZ A, HAKKANI-TUR D. Deep learning for dialogue systems[C]. Proceedings of the 27th International Conference on Computational Linguistics: Tutorial Abstracts, 2018: 25-31.

[2] CHEN H, LIU X, YIN D, et al. A survey on dialogue systems: Recent advances and new frontiers[J]. ACM SIGKDD Explorations Newsletter, 2017, 19(2): 25-35.

[3] LIN T-E, XU H. Deep Unknown Intent Detection with Margin Loss[C]. Proceedings of the 57th Annual Meeting of the Association for Computational Linguistics, 2019: 5491-5496.

[4] LIN T-E, XU H. A post-processing method for detecting unknown intent of dialogue system via pre-trained deep neural network classifier[J]. Knowledge-Based Systems, 2019: 104979.

[5] HAKKANI-TÜR D, JU Y C, ZWEIG G, et al. Clustering Novel Intents in a Conversational Interaction System with Semantic Parsing[C]. Proceedings of Interspeech 2015, 2015.

[6] LIN T-E, XU H, ZHANG H. Discovering New Intents via Constrained Deep Adaptive Clustering with Cluster Refinement[J]. Proceedings of the Twenty-Fourth AAAI Conference on Artificial Intelligence, 2020.

[7] HUANG M, QIAN Q, ZHU X. Encoding syntactic knowledge in neural networks for sentiment classification[J]. ACM Transactions on Information Systems, 2017, 35(3): 1-27.

[8] KONKOL M, KONOp\\I K, MILOSLAV. Segment representations in named entity recognition[C]. International Conference on Text, Speech, and Dialogue, 2015: 61-70.

[9] HAJDIk V, BUYS J, GOODMAN M W, et al. Neural text generation from rich semantic representations[J]. arXiv preprint arXiv: 1904.11564, 2019.

[10] JONES K S. A statistical interpretation of term specificity and its application in retrieval[J]. Journal of documentation, 1972.

[11] BROWN P F, DESOUZA P V, MERCER R L, et al. Class-based n-gram models of natural language[J]. Computational linguistics, 1992, 18(4): 467-479.

[12] HARRIS Z S. Distributional structure[J]. Word, 1954, 10(2-3): 146-162.

[13] FIRTH J R. A synopsis of linguistic theory, 1930-1955[J]. Studies in linguistic analysis, 1957.

[14] PENNINGTON J, SOCHER R, MANNING C. Glove: Global vectors for word representation[C]. Proceedings of the 2014 conference on empirical methods in natural language processing (EMNLP), 2014: 1532-1543.

[15] HINTON G E, Others. Learning distributed representations of concepts[C]. Proceedings of the eighth annual conference of the cognitive science society, 1986: 12.

[16] BENGIO Y, DUCHARME R E, JEAN, VINCENT P, et al. A neural probabilistic language model[J]. The journal of machine learning research, 2003, 3: 1155.

[17] MIKOLOV T A, \VS, KARAFI\'A T, MARTIN, BURGET L A, \Vs, et al. Recurrent neural network based language model [C]. Eleventh annual conference of the international speech communication association, 2010: 1045-1048.

[18] BREUNIG M M, KRIEGEL H-P, NG R T, et al. LOF: identifying density-based local outliers [C]. ACM SIGMOD record, 2000: 93-104.

[19] MIKOLOV T, CHEN K, CORRADO G, et al. Efficient estimation of word representations in vector space[J]. 1st International Conference on Learning Representations, Scottsdale, Arizona, Workshop Track Proceedings, 2013.

[20] PETERS M, NEUMANN M, IYYER M, et al. Deep Contextualized Word Representations[C]. Proceedings of the 2018 Conference of the North American Chapter of the Association for Computational Linguistics: Human Language Technologies, Volume 1 (Long Papers), 2018: 2227-2237.

[21] RADFORD A, WU J, CHILD R, et al. Language Models are Unsupervised Multitask Learners [J]. OpenAI Blog, 2019.

[22] RADFORD A, NARASIMHAN K, SALIMANS T, et al. Improving language understanding by generative pre-training[J]. OpenAI Blog, 2018.

[23] VASWANI A, SHAZEER N, PARMAR N, et al. Attention is all you need[C]. Advances in Neural Information Processing Systems, 2017: 5998-6008.

[24] DEVLIN J, CHANG M-W, LEE K, et al. BERT: Pre-training of Deep Bidirectional Transformers for Language Understanding[C]. Proceedings of the 2019 Conference of the North American Chapter of the Association for Computational Linguistics: Human Language Technologies, Volume 1 (Long and Short Papers), 2019: 4171-4186.

[25] KATO T, NAGAI A, NODA N, et al. Utterance intent classification of a spoken dialogue system with efficiently untied recursive autoencoders[C]//Proceedings of the 18th Annual SIGdial Meeting on Discourse and Dialogue. 2017: 60-64.

[26] KIM J K, TUR G, CELIKYILMAZ A, et al. Intent detection using semantically enriched word embeddings[C]//2016 IEEE Spoken Language Technology Workshop (SLT). IEEE, 2016: 414-419.

[27] CHEN Q, ZHUO Z, WANG W. Bert for joint intent classification and slot filling[J]. arXiv preprint arXiv: 1902.10909, 2019.

[28] WANG Y, SHEN Y, JIN H. A Bi-Model Based RNN Semantic Frame Parsing Model for Intent Detection and Slot Filling[C]. Proceedings of the 2018 Conference of the North American Chapter of the Association for Computational Linguistics: Human Language Technologies, Volume 2 (Short Papers), 2018: 309-314.

[29] SCHÖLKOPF B, PLATT J C, SHAWE-TAYLOR J, et al. Estimating the support of a high-dimensional distribution[J]. Neural computation, 2001, 13(7): 1443-1471.

[30] TAX D M J, DUIN R P W. Support vector data description[J]. Machine learning, 2004, 54(1): 45-66.

[31] FEI G, LIU B. Breaking the closed world assumption in text classification[C]. Proceedings of the 2016 Conference of the North American Chapter of the Association for Computational Linguistics: Human Language Technologies, 2016: 506-514.

[32] RIFKIN R, KLAUTAU A. In defense of one-vs-all classification[J]. The Journal of Machine Learning Research, 2004, 5: 101-141.

[33] SCHEIRER W J, DE REZENDE ROCHA A, SAPKOTA A, et al. Toward open set recognition [J]. IEEE transactions on pattern analysis and machine intelligence, 2012, 35(7): 1757-1772.

[34] JAIN L P, SCHEIRER W J, BOULT T E. Multi-class open set recognition using probability of inclusion[C]. European Conference on Computer Vision, 2014: 393-409.

[35] SCHEIRER W J, JAIN L P, BOULT T E. Probability models for open set recognition[J]. IEEE transactions on pattern analysis and machine intelligence, 2014, 36(11): 2317-2324.

[36] BENDALE A, BOULT T E. Towards Open Set Deep Networks[J]. 2016 IEEE Conference on Computer Vision and Pattern Recognition, 2016: 1563-1572.

[37] SHU L, XU H, LIU B. DOC: Deep Open Classification of Text Documents[C]. Proceedingsof the 2017 Conference on Empirical Methods in Natural Language Processing, 2017: 2911-2916.

[38] HENDRYCKS D, GIMPEL K. A Baseline for Detecting Misclassified and Out-of-Distribution Examples in Neural Networks [J]. Proceedings of International Conference on Learning Representations, 2017.

[39] LIANG S, LI Y, SRIKANT R. Enhancing the reliability of out-of-distribution image detection in neural networks[J]. arXiv preprint arXiv: 1706.02690, 2017.

[40] KIM J-K, KIM Y-B. Joint Learning of Domain Classification and Out-of-Domain Detection with Dynamic Class Weighting for Satisficing False Acceptance Rates[J]. Proceedings of Interspeech 2018, 2018: 556-560.

[41] LEE K, LEE K, LEE H, et al. A simple unified framework for detecting out-of-distribution samples and adversarial attacks[J]. arXiv preprint arXiv: 1807.03888, 2018.

[42] YU Y, QU W-Y, LI N, et al. Open-Category Classification by Adversarial Sample Generation [C]. IJCAI, 2017.

[43] RYU S, KOO S, YU H, et al. Out-of-domain detection based on generative adversarial network [C]. Proceedings of the 2018 Conference on Empirical Methods in Natural Language Processing, 2018: 714-718.

[44] NALISNICK E, MATSUKAWA A, WHYE TEH Y, et al. Do Deep Generative Models Know What They Don't Know? [J]. ArXiv e-prints, 2018.

[45] MACQUEEN J, Others. Some methods for classification and analysis of multivariate observations [C]. Proceedings of the fifth Berkeley symposium on mathematical statistics and probability,

1967：281-297.

[46] GOWDA K C，KRISHNA G. Agglomerative clustering using the concept of mutual nearest neighbourhood[J]. Pattern recognition，1978，10(2)：105-112.

[47] XU J，WANG P，TIAN G，et al. Short Text Clustering via Convolutional Neural Networks[C]. Proceedings of the 1st Workshop on Vector Space Modeling for Natural Language Processing，2015：62-69.

[48] XIE J，GIRSHICK R，FARHADI A. Unsupervised deep embedding for clustering analysis[C]. International conference on machine learning，2016：478-487.

[49] Yang B，Fu X，Sidiropoulos N D，et al. Towards k-means-friendly spaces：Simultaneous deep learning and clustering [C]. Proceedings of the 34th International Conference on Machine Learning-Volume 70，2017：3861-3870.

[50] CHANG J，WANG L，MENG G，et al. Deep adaptive image clustering[C]. Proceedings of the IEEE International Conference on Computer Vision，2017：5879-5887.

[51] BRYCHCÍN T，KRÁL P. Unsupervised dialogue act induction using gaussian mixtures[J]. arXiv preprint arXiv：1612.06572，2016.

[52] PADMASUNDARI，BANGALORE S. Intent Discovery Through Unsupervised Semantic Text Clustering[C]. Proceedings of Interspeech 2018，2018：606-610.

[53] SHI C，CHEN Q，SHA L，et al. Auto-Dialabel：Labeling Dialogue Data with Unsupervised Learning[C]. Proceedings of the 2018 Conference on Empirical Methods in Natural Language Processing，2018：684-689.

[54] WAGSTAFF K，CARDIE C，ROGERs S，et al. Constrained K-means Clustering with Background Knowledge[C]. Proceedings of the Eighteenth International Conference on Machine Learning，2001：577-584.

[55] BASU S，BANERJEE A，MOONEY R J. Active semi-supervision for pairwise constrained clustering[C]. Proceedings of the 2004 SIAM international conference on data mining，2004：333-344.

[56] BILENKO M，BASU S，MOONEY R J. Integrating constraints and metric learning in semi-supervised clustering[C]. Proceedings of the twenty-first international conference on Machine learning，2004：11.

[57] WANG Z，MI H，ITTYCHERIAH A. Semi-supervised Clustering for Short Text via Deep Representation Learning[C]. Proceedings of The 20th {SIGNLL} Conference on Computational Natural Language Learning，2016：31-39.

[58] FORMAN G，NACHLIELI H，KESHET R. Clustering by intent：A semi-supervised method to discover relevant clusters incrementally[C]. Joint European Conference on Machine Learning and Knowledge Discovery in Databases，2015：20-36.

[59] HSU Y-C，LV Z，KIRA Z. Learning to cluster in order to transfer across domains and tasks[C].

International Conference on Learning Representations, 2018.

[60] HAPONCHYK I, UVA A, YU S, et al. Supervised Clustering of Questions into Intents for Dialog System Applications[C]. Proceedings of the 2018 Conference on Empirical Methods in Natural Language Processing, 2018: 2310-2321.

[61] LEE H, STOLCKE A, SHRIBERG E. Using out-of-domain data for lexical addressee detection in human-human-computer dialog [C]//Proceedings of the 2013 Conference of the North American Chapter of the Association for Computational Linguistics: Human Language Technologies. 2013: 221-229.

[62] RAVURI S V, STOLCKE A. Neural network models for lexical addressee detection[C]// Fifteenth Annual Conference of the International Speech Communication Association. 2014.

[63] HOCHREITER S, SCHMIDHUBER J. Long short-term memory[J]. Neural computation, 1997, 9(8): 1735-1780.

[64] HUANG P S, HE X, GAO J, et al. Learning deep structured semantic models for web search using clickthrough data [C]//Proceedings of the 22nd ACM international conference on Information & Knowledge Management. 2013: 2333-2338.

[65] SCHAPIRE R E, SINGER Y. BoosTexter: A boosting-based system for text categorization[J]. Machine learning, 2000, 39(2): 135-168.

[66] FAVRE B, HAKKANI-TÜR D, CUENDET S. icsiboost. open-source implementation of Boostexter[J]. 2007.

[67] Y. BENGIO, R. DUCHARME, AND P. VINCENT, "A neu- ral probabilistic language model," Tech. Rep. 1178, Department of Computer Science and Operations Re- search, Centre de Recherche Mathe′matiques, University of Montreal, Montreal, 2000.

[68] BENGIO Y, SCHWENK H, SENECAL J, et al. Neural Probabilistic Language Models, vol. 194 [J]. 2006.

[69] HE Y, YOUNG S. A data-driven spoken language understanding system[C]//2003 IEEE Workshop on Automatic Speech Recognition and Understanding (IEEE Cat. No. 03EX721). IEEE, 2003: 583-588.

[70] RAYMOND C, RICCARDI G. Generative and discriminative algorithms for spoken language understanding [C]//Interspeech 2007-8th Annual Conference of the International Speech Communication Association. 2007.

[71] YAO K, PENG B, ZHANG Y, et al. Spoken language understanding using long short-term memory neural networks[C]//2014 IEEE Spoken Language Technology Workshop (SLT). IEEE, 2014: 189-194.

[72] NESTEROV Y. A method for unconstrained convex minimization problem with the rate of convergence O (1/k^ 2)[C]//Doklady an ussr. 1983, 269: 543-547.

[73] RAVURI S, STOLCKE A. Recurrent neural network and LSTM models for lexical utterance

classification[C]//Sixteenth Annual Conference of the International Speech Communication Association. 2015.

[74] PIGEON S, DRUYTS P, VERLINDE P. Applying logistic regression to the fusion of the NIST'99 1-speaker submissions[J]. Digital Signal Processing, 2000, 10(1-3): 237-248.

[75] SHRIBERG E, STOLCKE A, RAVURI S V. Addressee detection for dialog systems using temporal and spectral dimensions of speaking style[C]//INTERSPEECH. 2013: 2559-2563.

[76] XU P, SARIKAYA R. Contextual domain classification in spoken language understanding systems using recurrent neural network[C]//2014 IEEE International Conference on Acoustics, Speech and Signal Processing (ICASSP). IEEE, 2014: 136-140.

[77] HAFFNER P, TUR G, WRIGHT J H. Optimizing SVMs for complex call classification[C]//2003 IEEE International Conference on Acoustics, Speech, and Signal Processing, 2003. Proceedings. (ICASSP'03). IEEE, 2003, 1: I-I.

[78] SARIKAYA R, HINTON G E, RAMABHADRAN B. Deep belief nets for natural language call-routing[C]//2011 IEEE International conference on acoustics, speech and signal processing (ICASSP). IEEE, 2011: 5680-5683.

[79] XU P, SARIKAYA R. Convolutional neural network based triangular crf for joint intent detection and slot filling[C]//2013 IEEE workshop on automatic speech recognition and understanding. IEEE, 2013: 78-83.

[80] SUTSKEVER I, VINYALS O, LE Q V. Sequence to sequence learning with neural networks [C]//Advances in neural information processing systems. 2014: 3104-3112.

[81] GRAVES A, SCHMIDHUBER J. Framewise phoneme classification with bidirectional LSTM and other neural network architectures[J]. Neural networks, 2005, 18(5-6): 602-610.

[82] LIU B, LANE I. Recurrent neural network structured output prediction for spoken language understanding [C]//Proc. NIPS Workshop on Machine Learning for Spoken Language Understanding and Interactions. 2015.

[83] MESNIL G, DAUPHIN Y, YAO K, et al. Using recurrent neural networks for slot filling in spoken language understanding[J]. IEEE/ACM Transactions on Audio, Speech, and Language Processing, 2014, 23(3): 530-539.

[84] PENG B, YAO K. Recurrent neural networks with external memory for language understanding [J]. arXiv preprint arXiv: 1506.00195, 2015.

[85] LIU B, LANE I. Joint online spoken language understanding and language modeling with recurrent neural networks[J]. arXiv preprint arXiv: 1609.01462, 2016.

[86] ZHANG X, WANG H. A joint model of intent determination and slot filling for spoken language understanding[C]//IJCAI. 2016, 16: 2993-2999.

[87] DEAN J, CORRADO G, MONGA R, et al. Large scale distributed deep networks[J]. Advances in neural information processing systems, 2012, 25: 1223-1231.

[88] NGIAM J, KHOSLA A, KIM M, et al. Multimodal deep learning[C]//ICML. 2011.

[89] SRIVASTAVA N, SALAKHUTDINOV R. Multimodal Learning with Deep BoltzmannMachines [C]//NIPS. 2012, 1: 2.

[90] RODERICK MURRAY-SMITH AND T JOHANSEN. Multiple model approaches to nonlinear modelling and control[M]. CRC press, 2020.

[91] NARENDRA K S, WANG Y, CHEN W. Stability, robustness, and performance issues in second level adaptation[C]//2014 American Control Conference. IEEE, 2014: 2377-2382.

[92] NARENDRA K S, WANG Y, CHEN W. Extension of second level adaptation using multiple models to SISO systems[C]//2015 American Control Conference (ACC). IEEE, 2015: 171-176.

[93] NARENDRA K S, WANG Y, MUKHOPADHAY S. Fast reinforcement learning using multiple models[C]//2016 IEEE 55th Conference on Decision and Control (CDC). IEEE, 2016: 7183-7188.

[94] WANG Y, JIN H. A boosting-based deep neural networks algorithm for reinforcement learning [C]//2018 Annual American Control Conference (ACC). IEEE, 2018: 1065-1071.

[95] CHARLES T HEMPHILL, JOHN J GODFREY, GEORGE R DOD- DINGTON, et al. 1990. The ATIS spoken language systems pilot corpus. In Proceedings of the DARPA speech and natural language workshop. pages 96 – 101.

[96] KINGMA D P, BA J. Adam: A method for stochastic optimization[J]. arXiv preprint arXiv: 1412.6980, 2014.

[97] KURATA G, XIANG B, ZHOU B, et al. Leveraging sentence-level information with encoder LSTM for semantic slot filling[J]. arXiv preprint arXiv: 1601.01530, 2016.

[98] HINTON G, VINYALS O, DEAN J. Distilling the Knowledge in a Neural Network[C]. NIPS Deep Learning and Representation Learning Workshop, 2015.

[99] PLATT J, Others. Probabilistic outputs for support vector machines and comparisons to regularized likelihood methods[J]. Advances in large margin classifiers, 1999, 10(3): 61-74.

[100] GUO C, PLEISS G, SUN Y, et al. On calibration of modern neural networks[C]. Proceedings of the 34th International Conference on Machine Learning-Volume 70, 2017: 1321-1330.

[101] JURAFSKY D. Switchboard discourse language modeling project final report[C]. LVCSR Workshop, 1998.

[102] LIU Y, HAN K, TAN Z, et al. Using Context Information for Dialog Act Classification in DNN Framework[C]. Proceedings of the 2017 Conference on Empirical Methods in Natural Language Processing, 2017: 2170-2178.

[103] DEGROOT M H, FIENBERG S E. The Comparison and Evaluation of Forecasters[J]. Journal of the Royal Statistical Society. Series D (The Statistician), 1983, 32(1/2): 12-22.

[104] LEE J Y, DERNONCOURT F. Sequential Short-Text Classification with Recurrent and Convolutional Neural Networks[C]. Proceedings of the 2016 Conference of the North {A}

merican Chapter of the Association for Computational Linguistics: Human Language Technologies, 2016: 515-520.

[105] QI H, BROWN M, LOWE D G. Low-shot learning with imprinted weights[C]. Proceedings of the IEEE conference on computer vision and pattern recognition, 2018: 5822-5830.

[106] GIDARIS S, KOMODAKIS N. Dynamic few-shot visual learning without forgetting[C]. Proceedings of the IEEE Conference on Computer Vision and Pattern Recognition, 2018: 4367-4375.

[107] WANG F, CHENG J, LIU W, et al. Additive margin softmax for face verification[J]. IEEE Signal Processing Letters, 2018, 25(7): 926-930.

[108] DENG J, GUO J, XUE N, et al. Arcface: Additive angular margin loss for deep face recognition [C]. Proceedings of the IEEE/CVF Conference on Computer Vision and Pattern Recognition, 2019: 4690-4699.

[109] LIU W, WEN Y, YU Z, et al. Large-Margin Softmax Loss for Convolutional Neural Networks [C]. International Conference on Machine Learning, 2016: 507-516.

[110] LIU W, WEN Y, YU Z, et al. SphereFace: Deep Hypersphere Embedding for Face Recognition [C]. 2017 Conference on Computer Vision and Pattern Recognition, 2017, Honolulu, HI, USA, July 21-26, 2017, 2017: 6738-6746.

[111] HAN X, ZHU H, YU P, et al. Fewrel: A large-scale supervised few-shot relation classification dataset with state-of-the-art evaluation[J]. arXiv preprint arXiv: 1810.10147, 2018.

[112] VRANDE ČIĆ D, KRÖTZSCH M. Wikidata: a free collaborative knowledgebase [J]. Communications of the ACM, 2014, 57(10): 78-85.

[113] LARSON S, MAHENDRAN A, PEPER J J, et al. An Evaluation Dataset for Intent Classification and Out-of-Scope Prediction[C]. Proceedings of the 2019 Conference on Empirical Methods in Natural Language Processing and the 9th International Joint Conference on Natural Language Processing, 2019: 1311-1316.

[114] MAATEN L V D, HINTON G. Visualizing data using t-SNE[J]. Journal of machine learning research, 2008, 9: 2579-2605.

[115] WANG F, XIANG X, CHENG J, et al. Normface: L2 hypersphere embedding for face verification[C]. Proceedings of the 25th ACM international conference on Multimedia, 2017: 1041-1049.

[116] WANG H, WANG Y, ZHOU Z, et al. Cosface: Large margin cosine loss for deep face recognition[C]. Proceedings of the IEEE Conference on Computer Vision and Pattern Recognition, 2018: 5265-5274.

[117] TÜR G, HAKKANI-TÜR D, HECK L P. What is left to be understood in ATIS? [J]. 2010 IEEE Spoken Language Technology Workshop, 2010: 19-24.

[118] WEN Y, ZHANG K, LI Z, et al. A discriminative feature learning approach for deep face

recognition[C]. European conference on computer vision, 2016: 499-515.

[119] PODDAR L, NEVES L, BRENDEL W, et al. Train One Get One Free: Partially Supervised Neural Network for Bug Report Duplicate Detection and Clustering[C]. Proceedings of the 2019 Conference of the North {A}merican Chapter of the Association for Computational Linguistics: Human Language Technologies, Volume 2 (Industry Papers), 2019: 157-165.

[120] ZHANG X, LECUN Y. Text understanding from scratch[J]. arXiv preprint arXiv: 1502.01710, 2015.

[121] LEHMANN J, ISELE R, JAKOB M, et al. DBpedia--a large-scale, multilingual knowledge base extracted from Wikipedia[J]. Semantic Web, 2015, 6(2): 167-195.

[122] KUHN H W. The Hungarian method for the assignment problem[J]. Naval research logistics quarterly, 1955, 2(1-2): 83-97.

[123] WOLF T, DEBUT L, SANH V, et al. Hugging Face's Transformers: State-of-the-art Natural Language Processing[J]. ArXiv, 2019, abs/1910.03771.

[124] YAN G, FAN L, LI Q, et al. Unknown intent detection using Gaussian mixture model with an application to zero-shot intent classification[C]. Proceedings of the 58th Annual Meeting of the Association for Computational Linguistics, 2020: 1050-1060.

[125] VEDULA N, LIPKA N, MANERIKER P, et al. Open intent extraction from natural language interactions[C]. Proceedings of The Web Conference 2020, 2020: 2009-2020.

[126] PERKINS H, YANG Y. Dialog intent induction with deep multi-view clustering[J]. arXiv preprint arXiv: 1908.11487, 2019.

[127] Coucke A, Saade A, BALL A, et al. Snips voice platform: an embedded spoken language understanding system for private-by-design voice interfaces[J]. arXiv preprint arXiv: 1805.10190, 2018.

[128] CASANUEVA I, TEMČINAS T, GERZ D, et al. Efficient intent detection with dual sentence encoders[J]. arXiv preprint arXiv: 2003.04807, 2020.

[129] ZHANG H, XU H, LIN T-E. Deep open intent classification with adaptive decision boundary [C]. Proceedings of the AAAI Conference on Artificial Intelligence, 2021: 14374-14382.

[130] Zhang H, Xu H, LIN T-E, et al. Discovering new intents with deep aligned clustering[C]. Proceedings of the AAAI Conference on Artificial Intelligence, 2021: 14365-14373.

[131] HSU Y-C, LV Z, SCHLOSSER J, et al. Multi-class classification without multi-class labels[C]. International Conference on Learning Representations, 2019.

[132] HAN K, VEDALDI A, ZISSERMAN A. Learning to discover novel visual categories via deep transfer clustering[C]. Proceedings of the IEEE/CVF International Conference on Computer Vision, 2019: 8401-8409.

附录A 英文缩写对照表

缩写	对应中文和英文
ADB	自适应决策边界(Adaptive-Decision-Boundary)
AG	层次聚类(AgglomerativeClustering)
BERT	基于转换器的双向编码表征(Bidirectional Encoder Representation from Transformers)
BiLSTM	双向长短期记忆神经网络(Bi-directionalLong Short-Term Memory)
BPTT	时间反向传播(Back-Propagation Through Time)
CBOW	连续词袋模型(Continuous Bag-of-Words Model)
CDAC	约束深度自适应聚类(Constrained Deep Adaptive Clustering)
CDAC+	基于聚类细化的约束深度自适应聚类(Constrained Deep Adaptive Clustering with Cluster Refinement)
CNN	卷积神经网络(Convolutional Neural Network)
CRF	条件随机场(Conditional Random Fields)
DM	对话管理(Dialogue Management)
DNN	深度神经网络(Deep Neural Network)
DOC	深度开放分类(Deep Open Classification)
ECE	期望校准误差(Expected Calibration Error)
ELMo	语言模型嵌入(Embedding from Language Models)
Glove	全局向量(Global Vector)
GPT	生成式预训练(Generative Pre-Training)
GRU	门循环单元(Gate Recurrent Unit)
HMM	隐马尔可夫模型(Hidden Markov Model)
ID	领域内(In Domain)
IPA	智能语音助手(Intelligent Personal Assistant)
KB	知识库(Knowledge Base)
LLR	线性逻辑回归(Linear Logistic Regression)
LMCL	大边际余弦损失函数(Large Margin Cosine Loss)
LOF	局部异常因子(Local Outlier Factor)

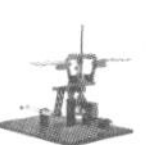

续表

缩写	对应中文和英文
LSTM	长短期记忆网络(Long Short-Term Memory)
Masked LM	掩模语言模型(Masked Language Model)
MSP	最大 Softmax 概率(Maximum Softmax Probability)
NER	命名实体识别(Named Entity Recognition)
N-gram	N 元语法(N-gram grammar)
NLG	自然语言生成(Natural Language Generation)
NLP	自然语言处理(Natural Language Processing)
NLU	自然语言理解(Natural Language Understanding)
NMI	归一化互信息(Normalized Mutual Information)
NN	神经网络(Neural Network)
NNLM	神经网络训练语言模型(Neural Network Language Model)
NSP	下一句子预测(Next Sentence Prediction)
OIR	开放意图识别(Open Intent Recognition)
OOD	领域外(Out of Domain)
RecNN	递归神经网络(Recursive Neural Network)
RNN	循环神经网络(Recurrent Neural Network)
RNNLM	循环神经网络语言模型(Cyclic Neural Network Language Model)
Skip-gram	跳字模型(Continuous Skip-gram Model)
SLU	口语理解(Spoken Language Understanding)
SVDD	支持向量数据描述(Support Vector Data Description)
SVM	支持向量机(Support Vector Machine)
TF-IDF	词频-逆文档频率(Term Frequency - Inverse Document Frequency)
t-SNE	t-分布领域嵌入算法(t-Distributed Stochastic Neighbor Embedding)

附录B 图 索 引

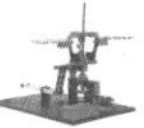

附录C 表 索 引